中国城市规划学会乡村规划与建设分会学术成果

五校乡村规划联合毕业设计十周年学术成果

千年昌隆里·人文荟萃乡

2024城乡规划、建筑学与风景园林专业
五校乡村联合毕业设计

彭翀　主编

华中科技大学

西安建筑科技大学

昆明理工大学　　　　联合编写

青岛理工大学

南京大学

华中科技大学出版社
http://press.hust.edu.cn
中国·武汉

内 容 简 介

　　五校乡村联合毕业设计联盟是由西安建筑科技大学、华中科技大学、昆明理工大学、青岛理工大学、南京大学五校多专业组建的专门以乡村为对象的毕业设计联盟。本届联合毕业设计以湖北省千年古县孝昌县三个具有不同历史文化资源特色的乡村为对象，以乡村文化振兴和共同缔造为目标，旨在通过深入的调查研究，让学生充分认识中西部地区全面实施乡村振兴战略和推进乡村建设过程中呈现出的新特征和面临的新问题，以及关于乡村土地利用、建筑设计和景观风貌的新需求和新目标，进而通过参与式村庄规划、在地性建筑设计与乡土景观营造，让学生从务实和创新两个角度为建设宜居宜业和美乡村进行规划设计思考并设计方案，以综合训练学生解决实际问题的能力。本届联合毕业设计恰逢联盟成立十周年，本书收纳中国城市规划学会乡村规划与建设分会乡村规划教育学术论坛的成果内容，以期为我国乡村规划教育事业积累有益经验。

图书在版编目（CIP）数据

　　千年昌隆里·人文荟萃乡：2024 城乡规划、建筑学与风景园林专业五校乡村联合毕业设计 / 彭翀主编 .-- 武汉：华中科技大学出版社，2024. 10. -- ISBN 978-7-5772-1350-7

　　Ⅰ．TU982.29；TU206；TU986.2

　　中国国家版本馆 CIP 数据核字第 20246874J5 号

千年昌隆里 · 人文荟萃乡：2024 城乡规划、建筑学与风景园林专业五校乡村联合毕业设计　　彭翀 主编
Qian Nian Changlong Li · Renwen Huicui Xiang:2024 Cheng-Xiang Guihua、Jianzhuxue yu Fengjing Yuanlin Zhuanye Wu Xiao Xiangcun Lianhe Biye Sheji

责任编辑：郭雨晨

装帧设计：金　金

责任校对：李　琴

责任监印：朱　玢

出版发行：华中科技大学出版社（中国 · 武汉）　　　　电话：（027）81321913
　　　　　武汉市东湖新技术开发区华工科技园　　　　　邮编：430223

印　　刷：湖北新华印务有限公司

录　　排：天津清格印象文化传播有限公司

开　　本：889mm×1194mm 1/16

印　　张：15.25

字　　数：457 千字

版　　次：2024 年 10 月第 1 版第 1 次印刷

定　　价：168.00 元

编委会

- 主　编　　彭　翀

- 副 主 编　　洪亮平　段德罡　杨　毅　朱一荣　罗震东

- 执行主编　　任绍斌　乔　杰

- 编委会成员

华中科技大学
洪亮平　任绍斌　乔　杰

西安建筑科技大学
段德罡　李立敏　谢留莎

昆明理工大学
杨　毅　徐　皓　李昱午　杨　胜

青岛理工大学
朱一荣　王润生　刘一光　王翼飞　王　轲

南 京 大 学
罗震东　徐逸伦　孙　洁　周　扬　陈培培　乔艺波

华 中 科 技 大 学

西安建筑科技大学

昆 明 理 工 大 学

青 岛 理 工 大 学

南 京 大 学

乡村全面振兴是推进中国式现代化的重要部分。2024年1月1日,中央一号文件《中共中央 国务院关于学习运用"千村示范、万村整治"工程经验有力有效推进乡村全面振兴的意见》强调,要学习运用'千万工程'蕴含的发展理念、工作方法和推进机制,把推进乡村全面振兴作为新时代新征程'三农'工作的总抓手"。这将新时期的乡村规划建设推向新高度。

十年坚持,五校联盟扎根乡村显真情

我国各地农村发展差别很大,自然条件、风土人情、发展水平等各不相同,学习运用"千万工程"经验,需要因地制宜。我们欣喜地看到,五校乡村联合毕业设计联盟作为全国较早的规划专业联合毕业设计团队,多年来致力于乡村调研、乡村规划及治理研究,扎根乡村,蓬勃发展。十年间,华中科技大学、西安建筑科技大学、昆明理工大学、青岛理工大学、南京大学五校累计40余位老师、600余名学生携手走进30个乡村,足迹遍布华中、西北、西南、华东、东南等地区,倾力付出,共同描绘发展新蓝图。十年前,湖北长阳是我们五校乡村联合毕业设计联盟的起点;今天,我们从湖北孝昌再次出发。

三顾孝昌，两村规划凝聚智慧展风采

2024 年，五校乡村联合毕业设计以拥有"千年昌隆里·人文荟萃乡"之称的湖北省孝昌县为基地，对小河村、项庙村和陆光村展开调研与规划设计。设计任务书中详细介绍了基地特色：孝昌县是湖北省孝感市辖县、武汉城市圈重要组成部分。孝昌县位于湖北省东北部，地处大别山南麓、江汉平原北部，地形北高南低，地貌以丘陵山地为主；其历史悠久，始建于南朝刘宋时期，至今已有 1570 年的建制史。取名"孝昌"是为了褒扬此地民风之淳朴、孝行之昌隆。孝昌县有代表殷商文化的殷家墩遗址，有战国时期古城堡遗址—— 草店坊城遗址，有保存较为完好的古民居 —— 明清古街，有革命先辈李先念等创建的大悟山、小悟山抗日指挥中心和湖北省党政军诞生地、刘震将军故居等。这些独特的地理景观、厚重的历史积淀和红色的人文精神都激发着师生们施展集体才华与智慧，为五年的教与学交上一份满意的答卷，最终形成各具特色的优秀作品以飨读者。

三个提升，和美乡村共同绘制新画卷

中央农办对 2024 年中央一号文件的相关解读中提道："乡村是广大农民群众的家园，只有营造安居乐业的良好环境，才能让农民有充足的获得感、幸福感、安全感。今年中央一号文件将'三个提升'作为推进乡村全面振兴的重点。"中央农办对"三个提升"进行了相关阐释：第一，提升乡村产业发展水平，要促进农村一二三产业融合发展，推动农产品加工业优化升级，加快构建农文旅融合的现代乡村产业体系；第二，提升乡村建设水平，需要在规划中优化村庄布局、产业结构和公共服务配置，统筹新型城镇化和乡村全面振兴，促进县域城乡融合发展；第三，提升乡村治理水平，要健全完善党组织领导的自治、法治、德治相结合的乡村治理体系，繁荣发展乡村文化。

愿五校乡村联合毕业设计联盟不断传承与创新，助力新时期乡村规划的教学与科研发展，为"绘就宜居宜业和美乡村新画卷"继续努力！

华中科技大学建筑与城市规划学院

党委副书记、副院长，教授

2024 年 6 月

人文乡村 乐活栖居

　　2024 年是我进入五校乡村联合毕业设计联盟的第二年，适逢这个快乐联盟成立十周年。回顾联盟发展的十年历程，备受感动、心潮澎湃。联盟这十年在中国大地上，面对不同地域文化、地理地貌、发展程度的乡村，谱写了这么多优秀的乐章，为中国各种类型的乡村振兴付出努力，我不由得感到骄傲。

　　十年轮回，今年由联盟首届主持学校华中科技大学出题，定位湖北省孝感市孝昌县。孝昌县历史悠久，"孝"文化独具魅力。村落选址分别是小悟乡项庙村、小河镇小河村、陡山乡陆光村，是三个各具鲜明独特性和文化挑战性的村落。

　　项庙村是国家级传统村落，位于大别山生态屏障内，曾是李先念领导的新四军第五师活动地。面对这样兼具生态性和文化性的村落，分析传统建筑文化、红色文化和生态基底，通过传统村落分级保护框架构筑项庙村保护发展底线；同时分析项庙村自身与周边观音湖旅游资源，以红色文化和传统文化激发乡村活力，将中药材、银杏等农林产业作为红色文化产业的延伸，抓住调查中发现的村民逢年过节"斗车"的爱好，策划红色机车乡村拉力赛，激发项庙村村民的内生动力，从聚本村人气开始逐步将周边山村融入进来，形成四季主题赛事，将项庙村的闲置空间围绕赛车进行功能重置利用，进而完成乡村整体人居环境的保护更新设计。

　　小河村位于小河镇，围绕中间的小河，东侧为 1600 米的明清古街，西侧为小河镇人民政府周边新型社区，当地以小河特色美食和深厚的孝文化而著称，是三个村中占地面积最大、问题最复杂的村落。规划既要保护国家级传统村落，又要考虑到新区的城镇化发展，兼顾文化旅游和新型城镇化。破题考虑以承载了古今文化的小河为突破口，强调其人文生态花园的功能，链接东部老街传统手工非遗文化和西部新街本地美食文化，建构"百艺""百乐""百味"三条南北空间主线，兼顾儿童、青年人和老人的行为特征，形成若干网状特色节点，最终实现"建设集生态栖居、古街文旅、城乡无界于一体的多角色未来社区"的目标。

陆光村位于陡山乡，毗邻陆山红杉林，全长超 1600 米的陆山渡槽呈南北向穿村而过，京广铁路呈东西向穿村而过。陆光村有丰富的乡贤资源，当地政府也鼓励乡贤回报家乡。有别于前两个村落的文化传承要求，陆光村面临的是如何尽快挖掘当地资源形成产业。破题考虑发挥陆山红杉林的既有骑行网络效应，构筑一个骑行基地，有效整合分散的八个组团，利用闲置资源，将骑行的休憩、文创等诸多功能与各组团结合设计，合理分配各方利益，建设骑行文化与乡村田园生活深度融合的生态骑行体验地。

　　三村的规划与设计各具特色、各有侧重，期待联盟各校都有出色表现。在联盟中我结识了城乡规划、建筑学、风景园林三专业的师生，与他们交流非常畅快。尽管身处行业寒冬，我却感受到了大家苦中作乐的心境，看到老师依然初心不变，教导学生尽心投入设计，帮助学生努力提升专业能力，我也为自己偶然加入快乐联盟这个大家庭而感到庆幸，感谢联盟！

西安建筑科技大学建筑学院

党委委员、副教授

2024 年 6 月

不啬微芒，造炬成阳

岁月不居，时节如流，再回首，作为国内首个乡村联合毕业设计联盟，五校乡村联合毕业设计联盟于十年前主动将目光投向了默默无闻隐于静谧处的乡村，以建筑、城乡规划、景观的视角去剖解乡村，寻找铸立乡村之魂的途径，以虔诚的心寻求乡村之"道"。

"唯天下至诚，为能尽其性；能尽其性，则能尽人之性；能尽人之性，则能尽物之性；能尽物之性，则可以赞天地之化育；可以赞天地之化育，则可以与天地参矣。"这些年来，同学们深入乡村，以清澈的双眼去观察、去寻找、去贴近乡村，通过自身去共情，去感悟，去不断反问自身 ——"我们想要做的是他们真正需要的吗？还是说这是我们无视自身的'傲慢'与'偏见'的一厢情愿？"他们像是散落在乡村的点点火光，用自身的赤诚去拨散笼罩在村庄上的迷雾，去影响村庄、改变村庄、照亮村庄。

乡村内的人是淳朴的，因乡村内的生活是有赖于泥土的生活，故乡村内的人也像植物一样在一个地方扎下了根。但居住在乡村内的人，有时候会因对其自身境遇的不满而渐渐褪色。村中有一些人选择离开这里去他处重塑自身色彩，有一些人选择驻守原地慢慢经受风霜，村子里的色彩越来越暗淡，日月其除，彩衣落尘。无独有偶，近年来行业的风波从实战前沿蔓延到"象牙塔"，尤其是受前几年的影响，同学们对未来道路的选择是迷茫的，不知所措的。但当同学们进入乡村后，根植于中国人骨髓的基因也会让他们摆脱最初的无措，燃起为乡村出谋划策的一份心，书面上的人不再是任务书里面设定的目标服务对象，而是活生生想努力经营生活却无力改变现实的人。于是这些年来参加五校乡村联合毕业设计的同学们，像是在乡村的万千境遇中看见自己一样，奋力地想要去推一把，就像也为自己再发出一声呐喊。小小的声音可能几不可闻，但万千声音汇聚在一起就会震耳欲聋。

千年昌隆里，人文荟萃乡。群山连绵、溪水环绕、钟灵毓秀、气候宜人，乡村是一处"玉笼青纱人未识"的山水宝地。新的发展契机如星星之火，在整合现有的自然景观、历史文化和传统建筑资源的过程中不断闪耀。但无论如何，这一切最终都应回归到生活本身。

生活的厚度对于我们每一个人来说，不是经历过多少岁月，而是记住了多少日子，又是如何去铭记的。在人生这个漫长的旅程中，我们踏上了自认为正确的道路，但我们并不孤独，同路者皆伴我们前行。

昆明理工大学建筑与城市规划学院

院长、博导，教授

2024 年 6 月

五校乡盟，十年守望

不知不觉我们五校乡村联合毕业设计联盟已成立十年。这十年间，我们五校师生脚踏四方乡间田垄，行进于五色沃土之中，在对不同地区、不同乡村感到新奇的同时又产生了很多困惑。面对这些中国乡村的现实，我们一直在努力思索，哪怕还有许多不解与无奈，我们依然在不断探究：乡村规划教育如何适应乡村发展需求？应对乡村发展需求我们又该做哪些改变？将来乡村规划的边界在哪里？中国乡村振兴如何才能实现质的持续性飞跃？

十年来，每一年承办院校都在用心地选择联合毕业设计选题。历史文化浓郁的古村、地域特征鲜明的村落、支柱产业独特的村庄等，让五校师生们对"美丽乡村""传统村落""田园综合体""淘宝村"等不同的特色乡村产生了新的理解；多样的农民生产、生活及乡村文化，帮助学生运用所学知识较好地解决了自己所面对的乡村建设问题；乡村规划教育从传统的村庄规划到国土空间规划体系下的乡村规划，遵循国家技术规范和相关要求的同时，各高校也在不断探索适应不同地域特点的乡村规划编制体系和内容，这充分体现了各高校的教学特点和学科底蕴。

今年联合毕业设计有缘由十年前第一次承办的华中科技大学再次举办，此乃幸事。他们尽情准备与筹划，依托已有1570年建制史的湖北孝昌县，以"文化振兴与和美乡村"为主题选择了小河镇小河村、小悟乡项庙村和陡山乡陆光村三个村落作为2024全国五校乡村联合毕业设计的对象，其用心良苦，选择考究。这三个村既有鄂北地区乡村的特色，又有中国乡村的代表性，适合来自不同地区的师生就中国乡村问题进行共同探讨。

此次联合毕业设计重点是对传统村落保护与发展、红色文化传承与表现、水资源生态环境利用等方面的研究，以实现文化融合、激发乡村活力为目标。这几个村庄仍保留相对完整的民居、祠堂、古商业街等，除让我们在调研中感受该地区乡村的历史文化底蕴及淳朴的民风外，也为我们做好本次乡村规划打下了坚实的村落文化基础，并且这些历史文化与地理区位、周边自然环境，甚至移民史等都有着直接的关联，毕业设计中应好好利用。乡村历史链条非常长，若要破解文化振兴之题，还要从整个区域入手，分析它们的历史及相互的协作关系。另外，在村落里发掘前人在建造居所时所采用的顺应自然和改造自然的传统优秀技艺，在后续的规划中加以梳理总结和发扬也是乡村规划中不可忽视的部分。同时，考虑传统农业产业和文化旅游融合发展，在规划中明确村民在村庄建设和运营中的主体作用，以期合力建设宜居宜业和美乡村，也是本次乡村规划的一个核心课题。令人欣慰的是，2024 全国五校乡村联合毕业设计成果中，五校师生对以上及其他问题，以孝昌县三个村为背景从不同角度作出了精彩解答。

庆幸当今是实现中国乡村更好发展的良好时期。乡村发展需要我们这些高校人的激情与投入，接续培养乡村建设人才。我们相信乡村规划与振兴要解决的不仅仅是乡村居民点的建设等问题，更涉及产业、生态、社会等全要素的方方面面。

让我们为乡村全面振兴而付出！让我们为乡村建设人才培育而努力！

青岛理工大学建筑与城乡规划学院

教授

2024 年 6 月

增量、存量、流量、变量

好的军事家，不仅擅长进攻，而且擅长撤退。在一定程度上，精心组织的撤退，有序、有效的实施完成，更显功力和智慧。

中国城镇化已经进入减速阶段。随着空间与人口的发展，社会必然面临既有增长又有衰退的局面，而且大概率是大城市依然保持增长，而大量乡村将持续衰退、收缩。但衰退绝不应当是衰亡，收缩也不应当是溃败。它应当是一场精心组织的有序撤退，主动、精明的收缩。这对于中国城乡规划不仅仅是战术问题，也是战略问题。

作为实现中国式现代化与高质量城镇化的重要治理工具，城乡规划必须具有全面的能力。这种能力要求我们不仅要擅长做增长的规划，还要擅长做收缩的规划；不仅要能处理增量的问题，还要学会处理存量的问题，以及伴随着信息技术革命呼啸而来的流量和变量问题。

过去的十年我们基本都在进行增量的规划与教学。去年深入曹县"淘宝村"的联合毕业设计，似乎是增量规划最后的倔强。在一片收缩和衰退的喧嚣声中，"淘宝村"的勃勃生机让增量规划依然有用武之地。然而，今年的孝昌县显然不同。小河的古街、陆光的渡槽、项庙的银杏无不记录着过去的辉煌，然而今天都无一例外地没落了，似乎很难恢复生机。既然增量几无可能，我们必须面对存量，为何不尝试引入流量与变量的乡村规划与教学，去精心设计一场更加主动、精明的收缩呢？

存量的规划，是立足当下、民生优先的规划，一定程度上是为了解决乡村收缩的基本问题，让依然生活在那里的人们享受基本均等的公共服务和基础设施，等待岁月的洗礼。

流量的规划，是激发自下而上的力量，通过创意与技术重新为乡村规划赋能。随着中国城镇化率的不断提升，以及大城市、特大城市开发密度与强度的日益加大，越来越多城市居民更加向往乡村，向往开敞的自然生态空间，投向乡村的流量持续累积。流量规划就是通过空间设计与营销，将更多流量持续导入乡村，进而持续迭代、更新空间设计与营销的规划。成为网红村不是流量规划的最终目的，让乡村与城市之间拥有持续不断的要素对流，才是流量规划的重点，也是让乡村可持续发展的关键。

变量的规划，是面对未来巨大不确定性而进行的情景规划。严格地讲，变量的规划不是规划，而是一种思考方式，一种面对不确定性的态度。逆全球化、气候变暖……这些宏大的议题似乎与小小的乡村都没有多大关系，但是我们不能忽视所谓的"蝴蝶效应"。当城市开始高度重视"韧性"时，更加脆弱的乡村如何增加"韧性"呢？而如果将城乡视作一个整体，它们相互之间有没有"韧性"价值呢？城市之于乡村的经济"韧性"增强，与乡村之于城市的生态"韧性"增强，又将产生怎样的规划理念和设计方案呢？

孝昌县的乡村，或许是一组更为真实的中国乡村。囿于增量的规划，可能得出悲观的答案。然而重视存量规划、尝试流量与变量规划，或许可以破解乡村的可持续发展问题，从而为更多的中国乡村开辟通往未来的道路。

南京大学建筑与城市规划学院
教授、博导，南京大学空间规划研究中心执行主任
2024 年 6 月

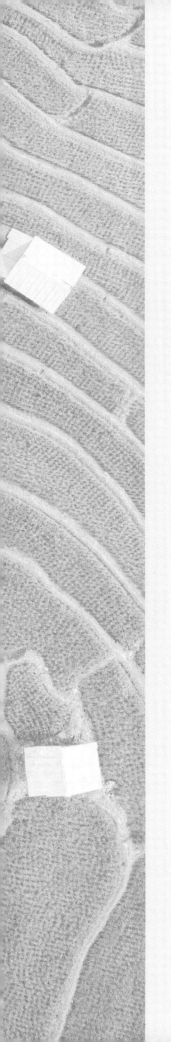

目录
CONTENTS

选题和释题

一、释题

乡村振兴，既要塑形，也要铸魂。乡村振兴离不开文化振兴。习近平总书记高度重视乡村文化建设，强调"实施乡村振兴战略要物质文明和精神文明一起抓，特别要注重提升农民精神风貌"，文化振兴既是乡村振兴的重要组成部分，也是实现乡村全面振兴的活力之源。如何理解乡村文化振兴是乡村建设的内活力来源？

第一，传承创新优秀传统文化。文化是乡村的灵魂所在，振兴乡村文化要传承创新优秀传统文化。一方面，加强对物质文化遗产的保护和利用。古迹、建筑群、遗址等是散落在广袤乡村地区的物质文化遗产，既是乡村的历史文脉，也是乡村文化的鲜明符号。要依托历史文化名镇名村、传统古村落、特色文化小镇等，借助现代科技手段做好物质文化遗产的修复、保护和利用。另一方面，传承创新非物质文化遗产。传统技艺、民间习俗、风土人情等非物质文化遗产，是乡村文化的活态表达。推进乡村文化振兴，既要加强对非物质文化遗产的保护及其传承人的保护培养，也应注重在传承中推动创新，促进非物质文化遗产保护与现代文化市场有机融合，让其更好地融入现代生活。此外，还要继承发展农耕文化。具有敬畏自然、精耕细作、家国情怀等丰富内涵的农耕文化，是中华文化绵延不断的根脉。要深入挖掘优秀传统农耕文化蕴含的思想观念、人文精神、道德规范，赋予其新的时代内涵，弘扬主旋律和社会正气，大力培育文明乡风、良好家风、淳朴民风。

第二，用文化创意点亮乡村之美。在遵循自然规律的前提下，将文化创意渗透到乡村建设的各个环节，能够塑造现代村庄风貌，形成别具一格的乡村美景，让人们找到记忆深处的乡愁，满足现代生活精神诉求。一是建筑要有创意。既要尊重乡村民居建筑特别是传统古村落的原貌，在主题定位、建筑外观、房屋内饰、装修风格等方面体现地域特色，又要充分融入文化创意，在古朴中呈现艺术之美。二是基础设施要有创意。将文化创意融入乡村公共基础设施建设，可以使乡村景观更加美丽。比如，在路灯造型、村中街景、厕所外观、胡同名称等的设计中充分融入文化创意，将有力提升乡村的文化气质。三是文化社区要有创意。乡村居民不只是地理归属意义上的生活空间定位，更是在共同文化积淀中形成的文化维系力和在相互密切交往中具有较强组织力的社会共同体。因此，建设富有创意的文化设施，如村史馆、文化广场、特色博物馆、创意图书馆、乡村客厅等，既能美化乡村景观、优化生活环境，又能满足人们精神文化需求，提升乡村社区文化品位，彰显乡村人文之美。

第三，以文化融合激发乡村活力。文化融合既体现在乡村精神价值共生上，也体现在乡村经济价值共创上。以特色文化为杠杆和以乡村为支点的文化融合，不仅会增强乡村发展的内生动力，而且能培育农业农村发展新动能。

第四，发展文化产业，助力乡村富裕。产业振兴是乡村振兴的重中之重。富有地方特色的文化产业既是乡村文化传承创新的有效载体，也是乡村产业振兴的重要抓手。要充分挖掘和利用当地文化资源，积极发展具有浓郁地方特色的文化产业，形成产业集群，不断提升产品市场占有率，增强产业规模效应。适应现代消费特点和需求，充分利用互联网技术培育新型文化业态，不断创新产品和服务形式，努力实现乡村文化产业生产和消费方式的跨边界融合、跨纬度融合、跨角色融合。

第五，提升乡村居民文化素养，保障乡村永续发展。乡村居民文化素养的提升，既是乡村社会文明程度提升的重要标志，也是推进乡村振兴的动力源泉。既要引导乡村居民传承和弘扬良好社会风俗、伦理道德，留住乡村文化的根，又要大力弘扬文明新风，倡导现代文明理念和生活方式，摒弃传统陋习，践行社会主义核心价值观，改善农民精神风貌。加强公共文化服务体系建设，在满足乡村居民基本公共文化需求的基础上，为其提供更多高质量的文化讲座、公益演出等现代公共文化服务。

党的二十大报告中提出"全面推进乡村振兴"，强调"建设宜居宜业和美乡村"。乡村建设既要见物也要见人，既要塑形也要铸魂，既要抓物质文明也要抓精神文明，实现乡村由表及里的全面提升。2022年，中共中央办公厅、国务院办公厅印发《乡村建设行动实施方案》，提出以农村人居环境整治提升、乡村基础设施建设、基本公共服务能力提升等为重点，有力有序推进乡村建设，着力构建三个机制。一是规划引领机制。适应城乡格局、乡村形态变化，统筹推进城乡基础设施和公共服务体系规划建设，集中力量先抓好普惠性、基础性、兜底性民生建设，优先安排既方便生活又促进生产的建设项目。二是风貌引导机制。把原生态乡土特点彰显出来，把现代化生活元素融入进去，确保乡村既有空间完整性和设施现代性，又有历史纵深感和时代痕迹，留住乡风乡韵乡愁。三是农民参与机制。尊重农民意愿，建什么、怎么建、怎么管，多听群众意见，引导农民全程参与乡村建设。

基于此，本次联合毕业设计以湖北省千年古县孝昌县三个具有不同历史文化资源特色的乡村为对象，以乡村文化振兴和共同缔造为目标，旨在通过深入的调查研究，让学生充分认识中西部地区全面实施乡村振兴战略和推进乡村建设过程中呈现出的新特征和面临的新问题，以及关于乡村土地利用、建筑设计和景观风貌的新需求和新目标，进而通过参与式村庄规划、在地性建筑设计与乡土景观营造，让学生从务实和创新两个角度为建设宜居宜业和美乡村进行规划设计思考并设计方案，以综合训练学生解决实际问题的能力。

二、基地概况

（一）规划基地

湖北省孝感市孝昌县，以县城所在地的花园镇为核心的小河镇小河溪社区[1]、小悟乡项庙村、陡山乡陆光村。具体规划设计范围待实地调研后确定。

（二）基地简介

1. 湖北省孝感市孝昌县

孝昌县，湖北省孝感市辖县，为武汉城市圈重要组成部分，县境位于湖北省东北部，地处大别山南麓、江汉平原北部，地形北高南低，地貌以丘陵山地为主，总面积1191.48平方千米。根据第七次人口普查数据，孝昌县常住人口483367人。孝昌县下辖8个镇、4个乡。

孝昌县历史悠久，始建于南朝刘宋时期，至今已有1570年的建制史。取名"孝昌"，以褒扬此地民风之淳朴、孝行之昌隆，自此历史上就有了孝昌县。"孝"可谓是这片土地独有的文化魅力。现如今，孝昌县擦亮"孝"文化品牌，打造孟宗孝文化旅游展示区，以孟宗主题公园为核心，推动城郊"三河六岸"旅游资源开发，切实把孝文化元素融入城市建设，展示孝昌县"孝道昌隆、诚信天下"的文化底蕴，打响鄂北孝都的城市品牌。

2018年，孝昌县获得"2018年电子商务进农村综合示范县"荣誉称号。2018年12月，孝昌县被评为中国最具幸福感县市。

2023年5月，CCTV10科教频道《探索·发现》栏目《家乡至味》摄制组走进孝昌，深入发掘千年古县、孝道文化发源地之一——孝昌县底蕴深厚的孝道文化和传统特色美食文化。

---

[1]五校乡村联合毕业设计联盟团队实地调研时发现，当地村民惯称"小河村"，因而本书对"小河溪社区""小河村"两种名称予以保留。

　　孝昌县有代表殷商文化的殷家墩遗址和战国时期古城堡遗址草店坊城遗址，有保存较为完好的古民居——明清古街，有佛教圣地观山禅寺，有革命先辈李先念等创建的大悟山、小悟山抗日指挥中心和湖北省党政军诞生地、刘震将军故居等遗址，有观音湖等自然风景区。

　　小河村规划基地范围见图1。

图1　小河村规划基地范围

项庙村规划基地范围见图 2。陆光村规划基地范围见图 3。

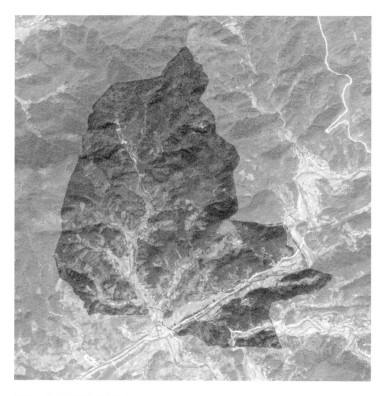

图 2 项庙村规划基地范围

图 3 陆光村规划基地范围

2. 孝昌县小河镇小河村

小河镇位于孝昌县东北部，南接县城关花园镇，北与大悟县芳畈镇毗邻，东与小悟乡接壤，西与王店镇、卫店镇相连。地势东北高而西南低，大部分是丘陵。境内有澴河和沙窝河两大水系，金盆和芳畈两大灌溉系统，镇域面积 71.29 平方千米。

小河村位于孝昌县的北部，为小河镇人民政府所在地。小河镇环西街始建于宋代，历史悠久。现存的一条明清古街长 1600 米、宽 5 米，街道两旁 300 多栋明清建筑多为二层砖木结构阁楼，建筑面积达 20 多万平方米。楼与楼之间"同山共脊"，彼此相连，一家损则邻家危，正因互相牵制，古街原貌得以保留，成为湖北省内保存较为完整的明清古街，2013 年被列入中国传统村落名录。小河村风貌见图 4、图 5。

图 4 小河村风貌 1

图 5 小河村风貌 2

3. 孝昌县小悟乡项庙村

小悟乡地处孝昌县东北部，东与武汉市黄陂区蔡店街道交界，南与周巷镇相连，西与小河镇相邻，北与大悟县夏店镇、芳畈镇接壤，行政区域面积 76.4 平方千米。截至 2019 年末，小悟乡户籍人口为 23754 人。截至 2021 年 10 月，小悟乡辖 1 个社区、22 个行政村，小悟乡人民政府驻青石集镇。2019 年，小悟乡有工业企业 6 个。

项庙村位于孝昌县东北部小悟乡，为中国传统村落。这里曾是李先念领导的新四军第五师主要活动基地之一，留有抗日军政大学第十分校、被服厂、枪械厂等革命旧址 30 多处。项庙村风貌见图 6、图 7。

图 6 项庙村风貌 1

图 7 项庙村风貌 2

4. 孝昌县陡山乡陆光村

陡山乡地处孝昌县南部,东与周巷镇、邹岗镇相连,南与孝南区肖港镇接壤,西与花西乡、白沙镇隔河相间,北与孝昌经济开发区交界,行政区域面积 102.66 平方千米。截至 2019 年末,陡山乡户籍人口为 56635 人。截至 2021 年 10 月,陡山乡辖 1 个社区、37 个行政村。

陆山渡槽是孝昌县陡山乡陆光村徐家河水库扩大灌溉工程之一,属徐家河东干三分干渠系建筑物,西起白沙镇塔耳潭,东至陆家山火车站,横跨澴河,飞越京广铁路,全长 1650 米,最大墩高 31 米,工程于 1973 年 9 月建成通水,设计 8 个输水流量,设计年限为 30 年,渡槽深 1.9 米,宽 3.65 米,渡槽上建有避雷针。该渡槽分上下两层,上层行人,下层行水。2021 年,陆山渡槽被列入孝感市第一批优秀历史建筑名录。陆光村还有陆家山火车站、红杉林等。陆光村风貌见图 8、图 9。

图 8　陆光村风貌 1

图 9　陆光村风貌 2

三、任务要求

（一）内容构成

1. 专题研究

基于全面推进乡村振兴、建设宜居宜业和美乡村的战略目标，从集镇、乡村连片地区、行政村、景区、村庄等多个层面，对乡村文化振兴背景下乡村所普遍存在的可持续发展问题，乡村社会经济发展、乡村土地利用和空间组织、乡村建筑及景观风貌问题，展开专题调查和研究，完成专题研究报告。

2. 乡村规划

结合专题研究，选择规划基地内的乡村连片地区或一个行政村，完成一套覆盖全域的乡村规划。规划既需要回应当前城乡社区共同面临的现实问题，又需要从宜居宜业和美乡村的角度，考虑规划参与主体、规划长远发展的可能模式与格局。

3. 详细设计

结合乡村规划，完成一个村庄或一个乡村新型功能区的修建性详细规划成果一套，并有针对性地进行公共空间、新型民居、新型功能建筑以及景观等方面的设计，充分体现宜居宜业和美乡村建设目标和地域环境特色。

（二）专业要求

1. 城乡规划

关注随时代变化、社会发展、村民日常生活方式改变而引发的乡村空间变化、文化变迁，基于上位规划、现状调研，参考村民意见，结合专题研究，应对村庄发展所面临的系列挑战，编制完成乡村连片地区或一个行政村的实用性村庄规划，包括发展定位与目标、生态保护修复和综合整治规划、耕地和永久基本农田保护规划、产业发展规划、住房布局规划、道路交通规划、基础设施和公共服务规划、村庄安全和防灾减灾规划、历史文化及特色风貌保护规划、近期建设计划等内容。

2. 建筑学

关注乡村日常生产、生活方式改变所引发的空间变迁，从院落屋舍格局、建筑空间复合使用、建造方式及细节等方面展开研究。应对村庄发展所面临的系列挑战，从建筑学角度对建筑及其场地进行阐释与创作。建议完成的设计子项包括：村庄整体空间优化设计、村庄公共空间及其周边环境设计、民居改造与新建设计、新功能建筑设计等。

3. 风景园林

关注乡村居民生产、生活方式转变过程中，人们在生态环境保护与景观风貌建设方面的需求。宏观层面，对乡村景观格局及整体空间结构的变迁进行分析研究；中观层面，对村庄公共空间、精神空间等类型的场地进行规划设计；微观层面，在对当地庭院的空间形式及材料进行梳理研究的基础上，给出普适的改造建议，并对 3 ～ 5 个案例做出较为详细的设计。建议完成的设计子项包括：村庄景观格局规划、村庄空间结构规划、公共空间景观规划设计、重要景观节点设计、庭院改造设计等。

4. 各校自行要求部分

成果的规格要求（如中期、期末每生须提交的报告、图纸、说明等）请各校结合本校相关规定要求，自行掌握。

四、教学安排

（一）分组要求

（1）计划分三个大的联合组，分别选择三个不同的村庄进行调研和规划设计。每组由五校学生联合组成，其中各校学生为 3 ~ 7 名（最好三个专业学生搭配）。

（2）为了便于组织与管理，每个联合大组分为 4 ~ 5 个小组，每个小组为来自同一学校的最终设计小组。

（3）每个学校最多分为 3 个小组，每个小组针对一个村庄展开调查和规划设计。

（二）教学安排

本次联合毕业设计计划组织三次联合的教学交流活动，包括前期调研、中期检查和毕业答辩，所有参与同学必须参加。日程安排见表1。

表 1 日程安排

教学时长	教学内容	组织单位
6 天	1. 乡村规划专题学术讲座 2. 联合毕业设计启动仪式 3. 前期调研 4. 调研汇报	华中科技大学
3 天	1. 中期检查 2. 现场补充调研	华中科技大学
3 天	1. 毕业答辩 2. 毕业设计总结会 3. 在校举办联合毕业设计展 4. 下一年度毕业设计选址	昆明理工大学
—	毕业设计成果整理、出版	华中科技大学

五、毕业答辩与成果要求

（一）毕业答辩

毕业答辩以小组为单位进行，可由一人或多人共同答辩。答辩委员会由五校指导教师组成。成绩评定由各校指导教师参考答辩委员会的建议按照各自规定自行完成。

（二）成果要求

（1）每组提交一份图板文件 4 幅（图幅设定为 A0，分辨率不低于 300dpi，无边无框），为 PSD、JPG 等格式的电子文件；提供用于结集出版的打包文件夹。

（2）每组还应另行按照统一规格，制作 2 幅竖版展板，提供 PSD、JPG 格式的电子文件，或者打包文件夹。该成果将由组织单位统一打印、布展。

（3）每组提供一份能够展示主要成果内容、可供 30 分钟汇报的 PPT 演示文件。

全国五校乡村联合毕业设计组委会

2023 年 11 月 30 日

成果展示

融以共荣，食焕新生

——湖北省孝昌县小河溪社区规划设计

华中科技大学

华中科技大学

Huazhong University of Science and Technology

融以共荣，食焕新生

——湖北省孝昌县小河溪社区规划设计

参与学生　　杨美琳　周润灵　何雨铃　余思寒

指导老师　　任绍斌　洪亮平　乔　杰

让历史告诉未来——小河镇古街的历史、现在和未来

小河镇因小河溪而得名，因水路商运而繁盛，亦因交通变迁而衰落凋零。过去的小河镇，舟车往来，商贾云集，有"小汉口"之称。今日的小河镇，现存有1600米之长的明清古街，虽古风古色依旧，却早已"门前冷落鞍马稀"。历史的人文与现实的生活似已相隔遥远，古街渐已失去昔日的活力和风采。未来的小河镇，能否复兴？如何振兴？其路在何方？这是此次五校乡村联合毕业设计师生必须思考的问题和研究的课题，也是规划设计实践的核心任务。

01 历史的小河镇——时空背景

探究历史可认知现在，也可推演未来。因此，要认知现在的小河镇，谋划未来的小河镇，首先必须探究历史的小河镇。小河镇因何而生？因何而盛？又因何而衰？小河镇为何可保存至今？其有何地域性和独特的历史人文价值？小河镇空间形态生成和演化的外部因素和内生机理何在？小河镇建筑建造逻辑和形态特征何在？……唯有深度剖析历史，方可清晰认知现在，进而找到小河镇演化发展的规律，科学谋划小河镇的未来。

02 现在的小河镇——逻辑起点

认知和提炼基地特色，识别和分析现状问题，是规划研究、设计工作的逻辑起点。现在的小河镇古街新街并存，新街日盛，古街渐衰，形成鲜明对比，故应将古街新街并置并进行整体分析。新街古街为何一盛一衰？两者之间具有怎样的社会经济关系、功能空间关系？衰落的古街现存的价值何在？保护利用的问题何在？兴盛的新街现存的问题何在？……发展的问题是根本，动能的问题是基础，空间的问题是核心，唯找准自身特色和现实问题，方可对症下药。

03 未来的小河镇——目标导向

基于"文化振兴"的目标主题，以及小河镇的时空特色和现实问题，规划研究、设计应特别关注以下三方面。

（1）从失能到赋能——小河镇古街保护与活化。为何赋能？谁来赋能？如何赋能？赋什么能？保护什么？怎么保护？

（2）重构新街古街之间的关系——促进新街古街互动发展。如何建构新街古街的社会经济关联、功能空间关联？两者之间的介质空间（存量用地）如何利用？风貌如何协调？

（3）重组镇村关系——促进镇村融合发展。新型城镇化和乡村振兴战略下，如何利用小河镇的历史文化资源？如何让文化振兴促进乡村振兴？如何整合镇村资源、促进镇村融合发展？

让历史告诉未来，或许是我们面对小河镇应持的谨慎态度和理性方法。

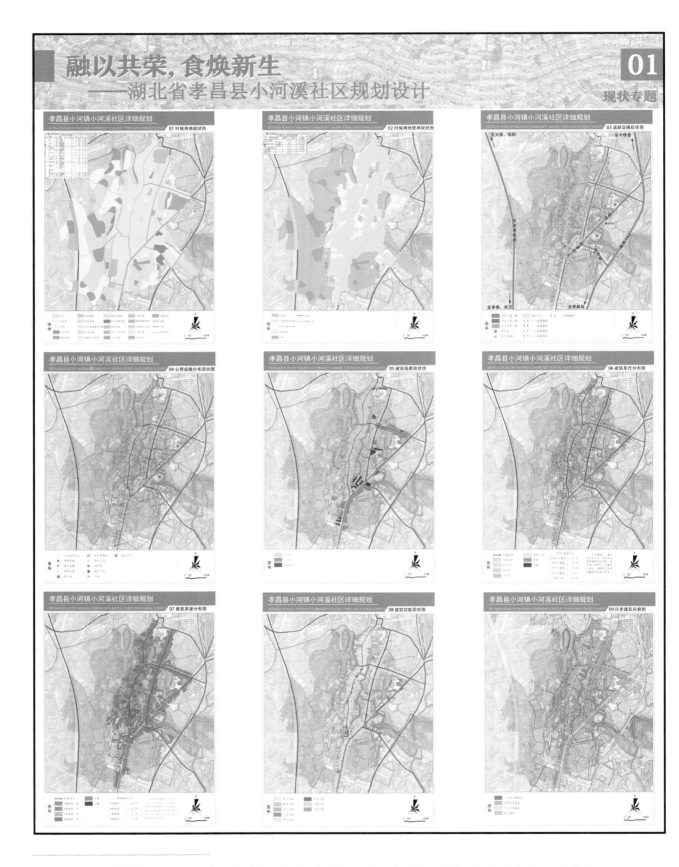

融以共荣，食焕新生
——湖北省孝昌县小河溪社区规划设计

01 现状专题

图纸、比例尺中单位应为"m""km"，由于学生制图软件问题，本书存在"M""KM""Km"等情况，特此说明。

融以共荣，食焕新生
——湖北省孝昌县小河溪社区规划设计

02

总体平面规划设计及分析专题

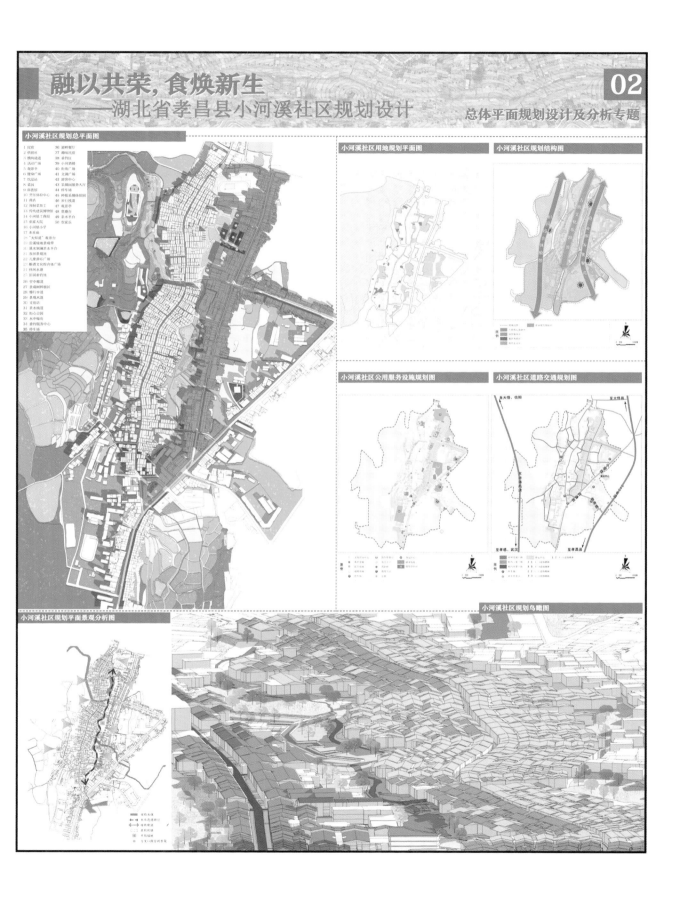

小河溪社区规划总平面图

1 民宿
2 供销社
3 横向通道
4 活动广场
5 观景亭
6 健身广场
7 饮品站
8 茶餐部
9 科普馆
10 交通体验中心
11 商店
12 预制菜加工
13 历史建筑博物馆
14 小河镇7商局
15 渔家大院
16 小河镇小学
17 车长场
18 "大知道"观景台
19 田端湿地观赏带
20 滨水观赏游水平台
21 食品影视馆
22 儿童游乐广场
23 酿酒文化历史体验广场
24 休闲水廊
25 旧园亲吻馆
26 空中廊道
27 桑麻树种植区
28 慢行步道
29 桑麻水道
30 文创店
31 茶米桂园
32 街心公园
33 水中锦鲤
34 曲径服务中心
35 停车场
36 酒吧餐厅
37 湖畔民居
38 乡竹区
39 小河酒楼
40 街角广场
41 交流广场
42 游客中心
43 菜摊招商务大厅
44 停车场
45 种植系统体验田园
46 休闲铁道
47 观景亭
48 景趣台
49 亲水平台
50 农家乐

小河溪社区用地规划平面图

小河溪社区规划结构图

小河溪社区公用服务设施规划图

小河溪社区道路交通规划图

小河溪社区规划平面景观分析图

小河溪社区规划鸟瞰图

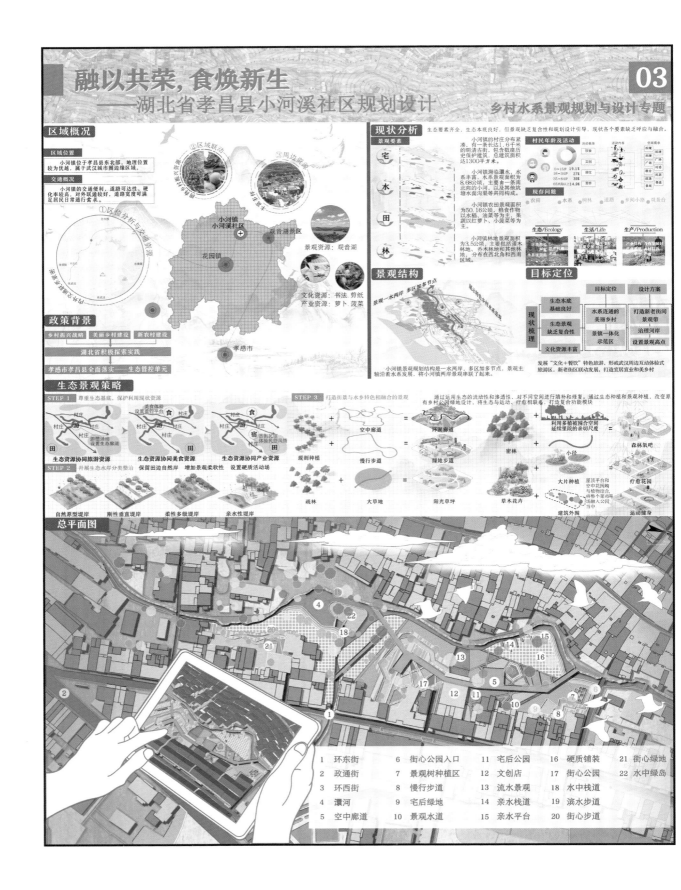

融以共荣，食焕新生
——湖北省孝昌县小河溪社区规划设计

03　乡村水系景观规划与设计专题

区域概况

区域位置
小河镇位于孝昌县东北部，地理位置较为优越，属于武汉城市圈边缘区域。

交通概况
小河镇的交通便利，道路可达性，硬化率较高，对外联通较好，道路宽度可满足居民日常通行需求。

①区位分析与交通资源

景观资源：观音湖
文化资源：书法、剪纸
产业资源：萝卜、菱菜

政策背景

乡村振兴战略　美丽乡村建设　新农村建设

湖北省积极探索实践

孝感市孝昌县全面落实——生态管控单元

生态景观策略

STEP 1 尊重生态基底，保护利用现状资源

生态资源协同旅游资源　生态资源协同美食资源　生态资源协同产业资源

STEP 2 开展生态水岸分类整治　保留田边自然岸　增加景观柔软性　设置硬质活动场

自然原型堤岸　刚性垂直堤岸　柔性多级堤岸　亲水性堤岸

STEP 3 打造街景与水乡特色相融合的景观

规划种植　空中廊道　环湖廊道
大草地　绿地步道　密林
阳光草坪　草木花卉

利用多植被围合空间延续里院的亲切尺度

森林氧吧
小径
大片种植
屋顶平台和空中花园结合与植物组合　将整个菜园场地融入公园当中
疗愈花园
建筑外围　运动健身

现状分析

景观要素
宅　水　田　林

生态要素齐全、生态本底良好，但景观缺乏复合性和规划设计引导，现状各个要素缺乏呼应与融合。

小河镇的村庄分布紧凑，有一条长达1.6千米的明清古街，包含数座历史保护建筑，总建筑面积达1300平方米。

小河镇濒临溃水，水系丰富，水系景观面积为8.68公顷，主要由一条溃北向的小河，以及其他坑墙水面沟渠等共同构成。

小河镇农田景观面积为50.16公顷，粮食作物以水稻、油菜为主，果蔬以以萝卜、小菱菜等为主。

小河镇林地景观面积为3.52公顷，主要包括灌木林地、乔木林地和其他林地，分布在西北角和西甫区域。

现存问题
农田　水系　树林　道路　乡村小路　街区

生态/Ecology　生活/Life　生产/Production

景观结构

景观—水两岸　多区加多节点

小河镇景观规划结构是一水两岸，多区加多节点，景观主轴沿着水系发展，将小河镇两岸景观串联了起来。

目标定位

目标定位　设计方案

生态本底基础良好　水系连通的美丽乡村　打造新老街区景观带

生态景观缺乏复合性　景镇一体化示范区　治理河岸　设置景观高点

文化资源丰富

现状梳理

发展"文化＋餐饮"特色旅游，形成武汉周边互动体验式旅游发展，新老街区联动发展，打造宜居宜业和美乡村。

总平面图

1	环东街	6	街心公园入口	11	宅后公园	16	硬质铺装	21	街心绿地
2	政通街	7	景观树种植区	12	文创店	17	街心公园	22	水中绿岛
3	环西街	8	慢行步道	13	流水景观	18	水中栈道	
4	溃河	9	宅后绿地	14	亲水栈道	19	滨水步道	
5	空中廊道	10	景观水道	15	亲水平台	20	街心步道	

融以共荣，食焕新生
——湖北省孝昌县小河溪社区规划设计

04 公用服务设施及交通设施专题

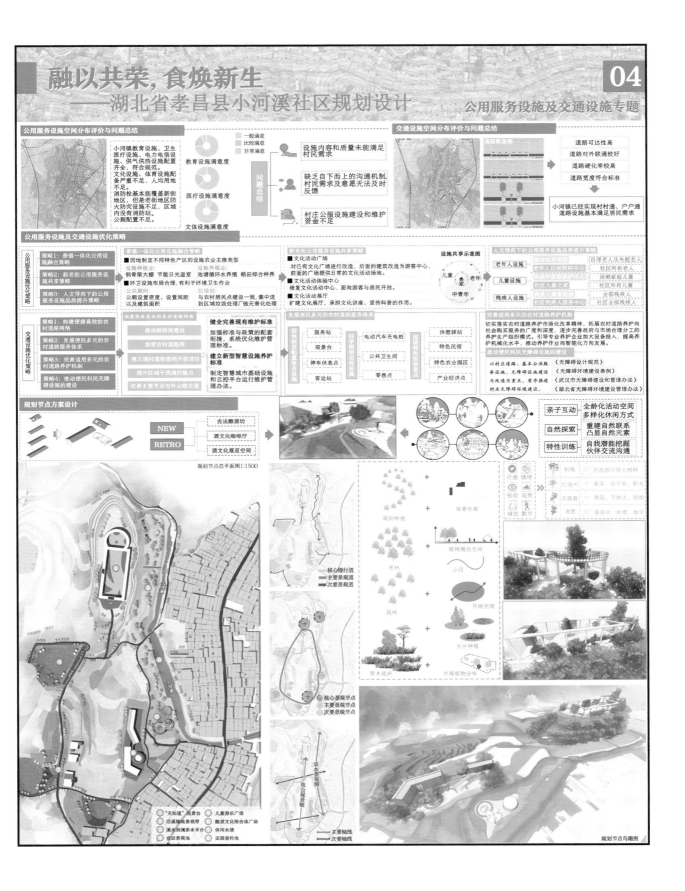

公用服务设施空间分布评价与问题总结

小河镇教育设施、卫生医疗设施、电力电信设施、供气供热设施配置合理，符合规范。
文化设施、体育设施配备严重不足，人均用地不足。
消防栓基本能覆盖新街地区，但是老街地区无防火防灾设施不足，区域内没有消防站。
公厕配置不足。

教育设施满意度
医疗设施满意度
文体设施满意度

- 一般满意
- 比较满意
- 非常满意

问题总结

- 设施内容和质量未能满足村民需求
- 缺乏自下而上的沟通机制，村民需求及意愿无法及时反馈
- 村庄公服设施建设和维护资金不足

交通设施空间分布评价与问题总结

道路断面图

- 道路可达性高
- 道路对外联通较好
- 道路硬化率较高
- 道路宽度符合标准

小河镇已经实现村村通、户户通，道路设施基本满足居民需求

公用服务设施及交通设施优化策略

公用服务设施优化策略
- 策略1：景镇一体化公用设施融合策略
- 策略2：新老街公用服务设施共享策略
- 策略3：人文导向下的公用服务设施品质提升策略

景镇一体化公用设施融合策略

■因地制宜不同特色产区的设施农业主推类型

设施种植业：
钢骨架大棚　节能日光温室

设施养殖业：
池塘循环水养殖　稻田综合种养

■环卫设施布局合理，有利于环境卫生作业

公共厕所：
公厕设置密度、设置间距以及建筑面积

垃圾处理：
与农村居民点建设一致，集中送到区域垃圾处理厂做无害化处理

新老街公用服务设施共享策略

■文化活动广场
对已有文化广场进行改造，后面的建筑改造为游客中心，前面的广场提供日常的文化活动场地。

■文化活动体验中心
修复文化活动中心，面向游客与居民开放。

■文化活动展厅
扩建文化展厅，承担文化讲座、宣传科普的作用。

设施共享示意图

儿童　老年
家
中青年

人文导向下的公用服务设施品质提升策略

老年人设施	自理老人与失能老人 / 老年人日间照料中心 社区所有老人 / 困难家庭儿童
儿童设施	社区儿童之家 社区所有儿童
残疾人设施	社区残疾人服务中心 全部残疾人 社区全部残疾人

交通设施优化策略
- 策略1：构建便捷高效的农村道路网络
- 策略2：发展便民多元的农村道路服务体系
- 策略3：完善适用多元的农村道路养护机制
- 策略4：推动便民利民无障碍设施的建设

构建便捷高效的农村道路网络
- 推动联络线建设
- 加密农村道路网
- 建立通村道路提标升级项目
- 提升区域干线通行能力
- 改善主要节点对外公路交通

健全完善现有道路养护体系
加强标准与政策的配套衔接，系统优化维护管理标准。

建立新型智慧设施养护标准
制定智慧城市基础设施和云控平台运行维护管理办法。

发展便民多元的农村道路服务体系

服务站		休息驿站
观景台	电动汽车充电桩	特色民宿
停车休息点	公共卫生间	特色农业园区
客运站	零售点	产业经济点

完善适用多元的农村道路养护机制

切实落实农村道路养护市场化改革精神，拓展农村道路养护向社会购买服务的广度和深度，逐步完善政府与市场合理分工的养护生产组织模式。引导专业养护企业加大设备投入，提高养护机械化水平，推动养护作业向智能化方向发展。

推动便民利民无障碍设施的建设

以村庄道路、基本公共服务、无障碍设施建设为重点，有序推进村庄无障碍环境建设。

- 《无障碍设计规范》
- 《无障碍环境建设条例》
- 《武汉市无障碍建设和管理办法》
- 《湖北省无障碍环境建设管理办法》

规划节点方案设计

NEW
RETRO
- 古法酿酒坊
- 酒文化咖啡厅
- 酒文化展览空间

亲子互动	全龄化活动空间 多样化休闲方式
自然探索	重建自然联系 凸显自然元素
特性训练	自我潜能挖掘 伙伴交流沟通

规划节点总平面图1:1500

核心慢行道
主要景观道
次要景观道

核心景观节点
主要景观节点
次要景观节点

观景长廊
植物围合空间
小径
开阔空间
大片种植
草木花卉
外围植物分布

天知道	观景台	儿童游乐广场
沿溪绿地景观带		酿酒文化综合广场
溪水河湖亲水平台		休闲水塘
农田景观池		田园垂钓池

主要轴线
次要轴线

规划节点鸟瞰图

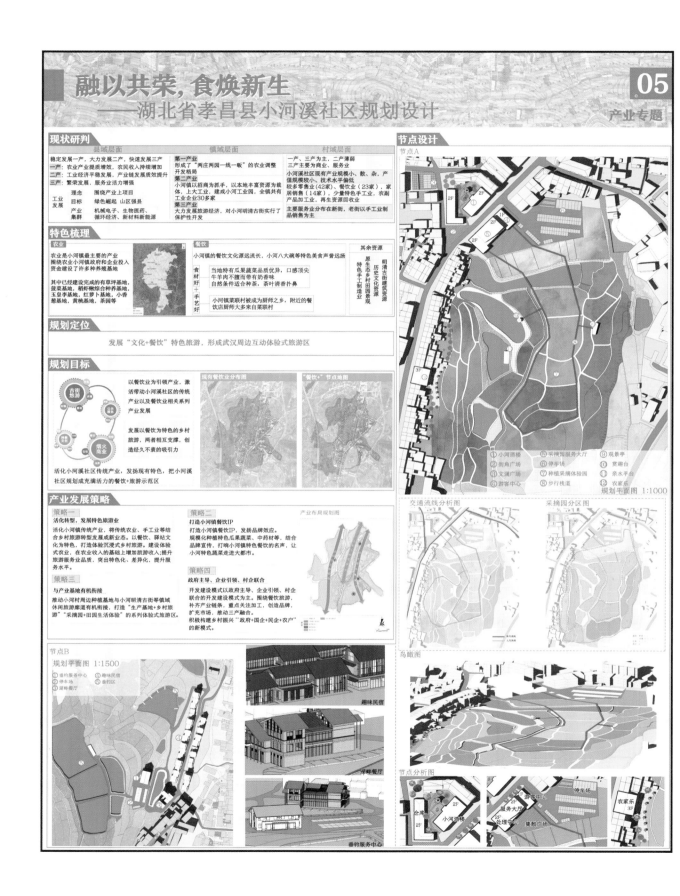

融以共荣，食焕新生
——湖北省孝昌县小河溪社区规划设计

05 产业专题

现状研判

县域层面	镇域层面	村域层面
稳定发展一产，大力发展二产，快速发展三产	**第一产业** 形成了"两庄两园一线一贩"的农业调整开发格局	一产、三产为主，二产薄弱 三产主要为商业、服务业
一产：农业产业提质增收，农民收入持续增加 二产：工业经济平稳发展，产业链发展质效提升 三产：繁荣发展，服务业活力增强	**第二产业** 小河镇以招商为抓手，以本地丰富资源为载体，上大工业，建成小河工业园，全镇共有工业企业30多家	小河溪社区现有产业规模小、散、杂，产值规模较小，技术水平偏低 较多零售业(42家)、餐饮业(23家)，家居销售(14家)，少量特色手工业，农副产品加工业，再生资源回收业
工业发展 理念：围绕产业+项目 目标：绿色崛起 山区强县 产业集群：机械电子、生物医药、循环经济、新材料新能源	**第三产业** 大力发展旅游经济，对小河明清古街实行了保护性开发	主要服务业分布在新街，老街以手工业制品销售为主

特色梳理

农业
农业是小河镇主要的产业，围绕农业小河镇政府和企业投入资金建设了许多种养基地。

其已经建设完成的有草坪基地，菱菜基地，稻虾蛛综合种养基地，玉皇桃基地，红萝卜基地，小香葱基地，黄桃基地，茶园等

餐饮
小河镇的餐饮文化源远流长，小河八大碗等特色美食声誉远扬

食材好+手艺好	当地特有瓜果蔬菜品质优异，口感顶尖 牛羊肉不膻而带有奶香味 自然条件适合种茶，茶叶清香扑鼻 小河镇菜联村被誉为厨师之乡，附近的餐饮店厨师大多来自菜联村

其余资源
原生态乡村田园景观
历史文化资源
特色手工制造业
明清古街建筑景观

规划定位

发展"文化+餐饮"特色旅游，形成武汉周边互动体验式旅游区

规划目标

以餐饮业为引领产业，激活带动小河社区的传统产业以及餐饮业相关系列产业发展

发展以餐饮为特色的乡村旅游，两者相互支撑，创造经久不衰的吸引力

活化小河溪社区传统产业，发扬现有特色，把小河溪社区规划成充满活力的餐饮+旅游示范区

现有餐饮业分布图

"餐饮+"节点地图

产业发展策略

策略一
活化转型，发展特色旅游业
活化小河镇传统产业，将传统农业、手工业等结合乡村旅游发展成新业态。以美食、驿站文化为特色，打造体验沉浸式乡村旅游。建设体验式农业，在农业收入的基础上增加旅游收入；提升旅游服务业品质，突出特色化、差异化，提升服务水平。

策略二
打造小河镇餐饮IP
打造小河镇特色餐饮IP，发扬品牌效应。规模化种植特色瓜果蔬菜、中药村等，结合品牌宣传，打响小河镇特色餐饮的名声，让小河特色蔬菜走进大都市。

策略三
与产业基地有机衔接
推动小河村周边种植基地与小河明清古街等镇域休闲旅游廊道有机相接，打造"生产基地+乡村旅游""采摘园+田园生活体验"的系列体验式旅游区。

策略四
政府主导、企业引领、村企联合
开发建设模式以政府主导、企业引领、村企联合的开发建设模式为主。围绕餐饮旅游，补齐产业链条，重点关注加工，创造品牌，扩充市场，推动三产融合。积极构建乡村振兴"政府+国企+民企+农户"的新模式。

产业布局规划图

节点设计

节点A

小河社区现有产业规模小、散、杂，产值规模较小、技术水平偏低
较多零售业(42家)、餐饮业(23家)，家居销售(14家)，少量特色手工业，农副产品加工业，再生资源回收业
主要服务业分布在新街，老街以手工业制品销售为主

① 小河酒楼　⑤ 采摘园服务大厅　⑨ 观景台
② 街角广场　⑥ 停车场　　　　　⑩ 赏趣台
③ 文澜广场　⑦ 种植采摘体验园　⑪ 亲水平台
④ 游客中心　⑧ 步行栈道　　　　⑫ 农家乐

规划平面图 1:1000

交通流线分析图

采摘园分区图

鸟瞰图

节点分析图

节点B

规划平面图 1:1500

① 垂钓服务中心
② 停车场
③ 垂钓区
④ 趣味民宿
⑤ 趣味餐厅

趣味民宿

冲畔餐厅

垂钓服务中心

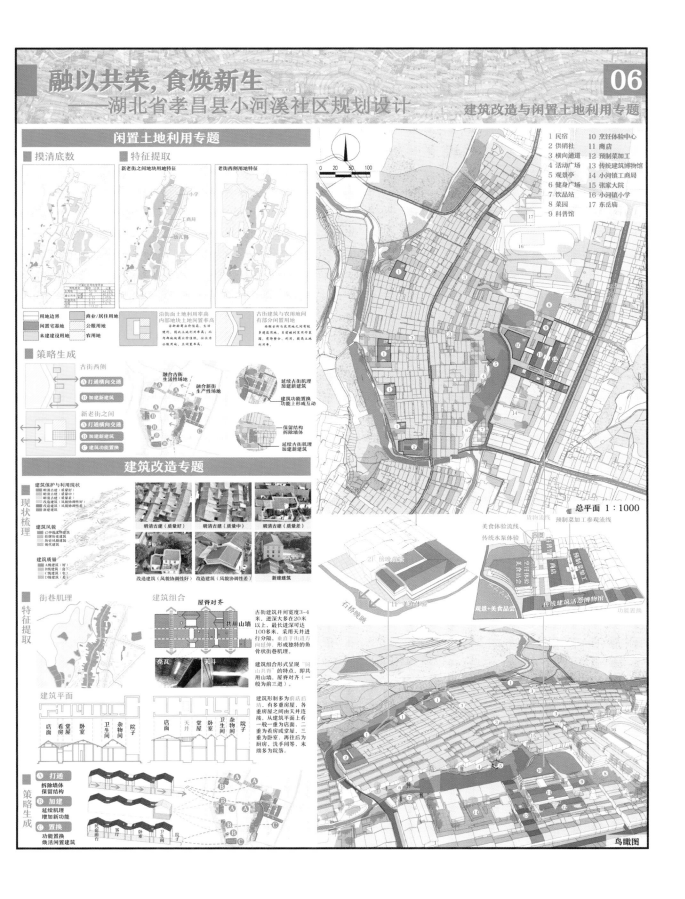

融以共荣，食焕新生
——湖北省孝昌县小河溪社区规划设计

06

建筑改造与闲置土地利用专题

闲置土地利用专题

■ 摸清底数

■ 特征提取

新老街之间地块用地特征

老街西侧用地特征

用地边界　商业/居住用地
闲置宅基地　公服用地
未建建设用地　农用地

沿街面土地利用率高
内部地块闲置率高

古街建筑与农用地间
有部分闲置用地

■ 策略生成

古街西侧
Ⓐ 打通横向交通
Ⓑ 加建新建筑

融合古街
生活性场地

融合新街
生产性场地

延续古街肌理
加建新建筑

建筑功能置换
功能上形成互动

新老街之间
Ⓐ 打通横向交通
Ⓑ 加建新建筑
Ⓒ 建筑功能置换

保留结构
拆除墙体

延续古街肌理
加建新建筑

建筑改造专题

现状梳理

■ 建筑保护与利用现状

明清古建（质量好）
明清古建（质量中）
明清古建（质量差）
改造建筑（风貌协调性好）
改造建筑（风貌协调性差）

■ 建筑风貌

■ 建筑质量

明清古建（质量好）　明清古建（质量中）　明清古建（质量差）

改造建筑（风貌协调性好）　改造建筑（风貌协调性差）　新建建筑

特征提取

■ 街巷肌理

■ 建筑组合

屋脊对齐

共用山墙

亮瓦　天斗

■ 建筑平面

店面　看房　堂屋　卧室　卫生间　杂物间　院子

店面　天井　堂屋　卧室　卫生间　杂物间　院子

古街建筑开间宽度3~4米，进深大多在20米以上，最长进深可达100多米，采用天井进行分隔。垂直于街道方向延伸，形成独特的鱼骨状街巷肌理。

建筑组合形式呈现"同山共脊"的特点，即共用山墙、屋脊对齐（一般为前三进）。

建筑形制多为前店后功，有多重房屋，各重房屋之间由天井连接。从建筑平面上看一般一重为店面，二重为看房或堂屋，三重为卧室，再往后多为厨房、洗手间等，末端多为院落。

策略生成

Ⓐ **打通**
拆除墙体保留结构

Ⓑ **加建**
延续肌理增加新功能

Ⓒ **置换**
功能置换焕活闲置建筑

民宿 前台　客厅　卧室　卫生间　院子

图例

1 民宿
2 供销社
3 横向通道
4 活动广场
5 观景亭
6 健身广场
7 饮品站
8 菜园
9 科普馆
10 烹饪体验中心
11 商店
12 预制菜加工
13 传统建筑博物馆
14 小河镇工商局
15 张家大院
16 小河镇小学
17 东岳庙

0　20　50　100

总平面 1：1000

2F 俯瞰视角

1F 美食体验

石板院落

美食体验流线
传统水泵体验

预制菜加工参观流线

观景+美食品尝
传统建筑活态博物馆

功能置换

鸟瞰图

华中科技大学

杨美琳

  2022 年 8 月，我跟随党员先锋服务队第一次来到小河镇，立刻就被其独特的建筑组合方式深深吸引了。返程后，我依旧经常回忆起在小河镇走访、拍摄、测绘的经历。很幸运，2024 年 3 月，我有机会再次来到小河镇，以小河溪社区为基地，与五校的同学共同完成毕业设计。

  小河镇是繁华一时的"小汉口"，却在其交通地位丧失后功能衰败、空间凋敝。繁华过后，长达 1600 米的明清古街承载重要历史文化的同时，也为小河镇的发展带来了一定限制。在关于如何焕活小河溪社区的探索中，我们看到了众多历史文化村镇所面临的发展困境，由此也意识到了乡村规划对于乡村地区发展的必要性，更充分地认识了我们学科对于城乡发展的重要指导意义。

周润灵

  很荣幸能参加这次五校乡村联合毕业设计。联合毕业设计为我们提供了一个学习交流的平台，和其他四所学校的同学共同调研、交流想法，既能发现自己的优势，也能学习其他同学的长处。这也是我选择城乡规划专业后，第一次真正接触、走进乡村。感受乡村飞速发展带来的全新面貌的同时，也要直面乡村繁荣背后的现实问题。这次设计与课程作业最大的不同是对于村民来说，他们并不需要富有创意的设计，而是希望能针对村子发展提出实际有效的方案，帮他们解决诸如老街房屋老旧破损、生态恶化等问题。

  力求帮助村民切实解决问题的同时，我们也在思考，面对小河镇较为突出的产业分散、公用服务设施落后、老街失活、生态受损等问题，能否以特色餐饮为基础、以互动体验为抓手，通过产业联动集群发展来建成特色旅游体验项目，构建小河镇旅游 + 体验式餐饮的未来发展蓝图，全面提高乡村生活品质，打造一个具有新风貌的和美乡村。

何雨铃

　　有幸参加了今年的联合毕业设计，并参与研究了小河镇小河溪社区这样一个极具代表性的题目。作为五校乡村联合毕业设计联盟的一员，我不仅有机会与其他学校的同学们相互切磋、学习，而且更加深入地了解乡村、认识乡村。在日后的学习中，希望能真正为乡村建设出一份力。

　　感谢来自青岛理工大学、昆明理工大学、西安建筑科技大学、南京大学四校所有参加联合毕业设计的同学们和老师们，大家一起了解小河镇，深入学习村庄规划，探索村庄更多的发展可能性，希望我们这次的毕业设计可以为小河镇的发展提供新的思路或灵感。

余思寒

　　非常感激这一次五校乡村联合毕业设计联盟提供的机会，让我能够与西安建筑科技大学、昆明理工大学、青岛理工大学、南京大学四所高校的同学一起进行大学本科生涯的最后一次规划设计，同时非常感谢孝昌县小河镇人民政府提供的无私帮助！

　　本次联合毕业设计我收获颇多，无论是小河镇的初期调研，还是华中科技大学的中期汇报，抑或是在春城昆明进行的终期答辩，都开阔了我的眼界，让我对乡村规划设计有了更深的感悟，也让我和同学们结下了深厚的友谊，这是一次千金不换的体验。

　　再次感谢本次毕业设计中老师们和同学们日日夜夜的陪伴与相助，感谢老师们对本次毕业设计的指导与无私的帮助，我想这次联合毕业设计会成为我人生中难以忘怀的美好记忆！

时空河链，探古寻今
——湖北省孝昌县小河村乡村规划设计

昆明理工大学

Kunming University of Science and Technology

时空河链，探古寻今

——湖北省孝昌县小河村乡村规划设计

参与学生　杨　晓　钟赞仙　谭宝龙　陈　娟　向琰琰

指导老师　徐　皓　杨　毅　李昱午

教师解题

　　昆明理工大学团队一直坚持着规划＋建筑的教学特色，专业协作让乡村规划更加细致深入，以"乡村设计"的方式讲一个"未来的故事"。这一年我们来到小河村，春节刚刚过完，小河古街上各家门上的春联尚未褪色。

　　早在宋代，小河村自然而然"依河而走"。到了清代，小河村由于商贾驿道的日渐鼎盛转变为"一河一街"的发展格局。然而随着历史变迁，小河村翻开的新一页却不见了"老街"曾经的繁华。"新街"接替了老街成为人们生活空间的重心。平行地面对各自的问题，平行地串起过去和现在。

　　小河古街的建筑，是很难得的邻里共生的住屋形式案例。古街老房子面宽一般为 3 ~ 4 米，进深家家户户各有不同，一般十几米，长屋紧靠在一起形成了鱼骨形的肌理现状。春节后的老街只偶尔有几家店铺开着门，年轻人又都离开了，冷清的街道映衬下的花布、竹编，包括晒在街道上的被褥都更加好看。新街上的生活气息更加浓郁一些，五金百货店夹杂着小吃店。毋庸置疑，尽管小河村的物质形态丰富饱满，而人的数量却少了许多。

　　中国有些乡村的"现代化"是仓促和缺乏自信的，这是过去无法改变的事实，也是我们直面的乡村"在地发展"困境。站在五校乡村联合毕业设计十周年的站台上，不觉感到茫然，文旅能带乡村走多远……

　　小河之河对于我带的小组同学来说，并不是行船之旅的还原。带着对生态环境的极大关怀，他们赋予河道空间以"河链"使命，通过活化河岸两侧的功能，来编织千年老街和现代生活之间的时空幻境。

　　随着人口数量的减少，乡村的未来难以预测，中国乡村发展任重而道远。这个话题有点沉重，但好在身边有年轻的男孩女孩，他们有这个年龄该有的松弛感，冒出一波一波的新鲜词。无论如何，想象中，千年小河从历史中走来，"冷门乡村"与"未来主义流行色"两组词在脑海里好似两块毫无关联的霓虹招牌，好看又绝配。

　　在 2024 年乡村毕业季的尾声，我们心里满载着对小河村的祝愿。千年昌隆里，人文荟萃乡，这应该就是对小河村很恰当的点题了。

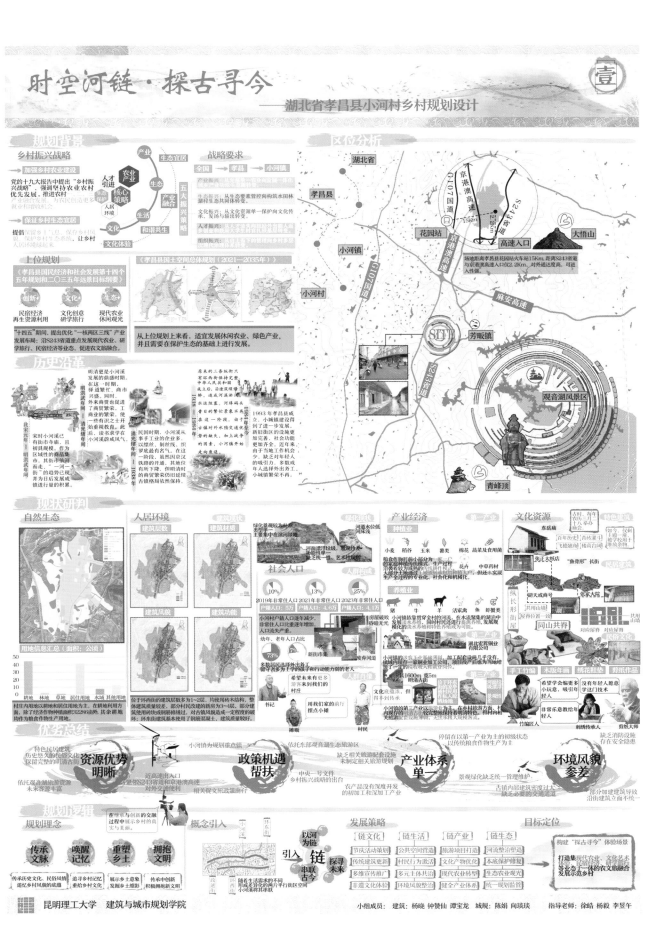

时空河链·探古寻今
——湖北省孝昌县小河村乡村规划设计

壹

昆明理工大学　建筑与城市规划学院

小组成员：建筑：杨晓 钟赞仙 谭宝龙　城规：陈娟 向琰琰　　指导老师：徐皓 杨毅 李昱午

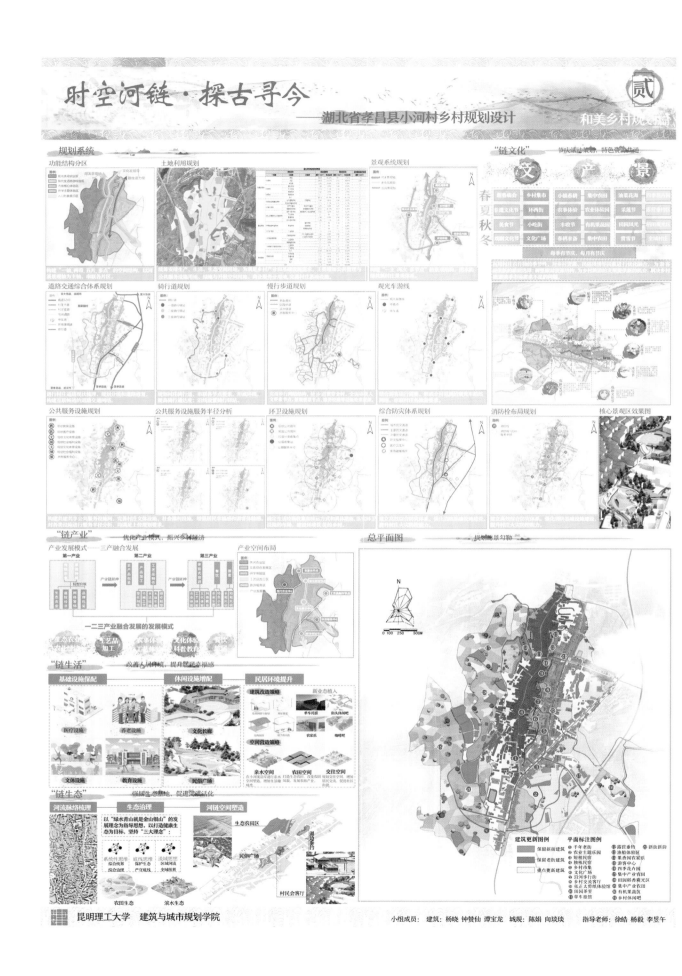

时空河链·探古寻今
——湖北省孝昌县小河村乡村规划设计

和美乡村规划篇

规划系统

功能结构分区 土地利用规划 景观系统规划

"链文化"

文 产 景

道路交通综合体系规划 骑行道规划 慢行步道规划 观光车游线

公共服务设施规划 公共服务设施服务半径分析 环卫设施规划 综合防灾体系规划 消防栓布局规划 核心景观区效果图

"链产业"
产业发展模式——三产融合发展 产业空间布局 总平面图

"链生活"
基础设施保配 休闲设施增配 民居环境提升

"链生态"
河流脉络梳理 生态治理 河链空间塑造

昆明理工大学 建筑与城市规划学院

小组成员: 建筑: 杨晓 钟赞仙 谭宝龙 城规: 陈娟 向琰琰 指导老师: 徐皓 杨毅 李昱午

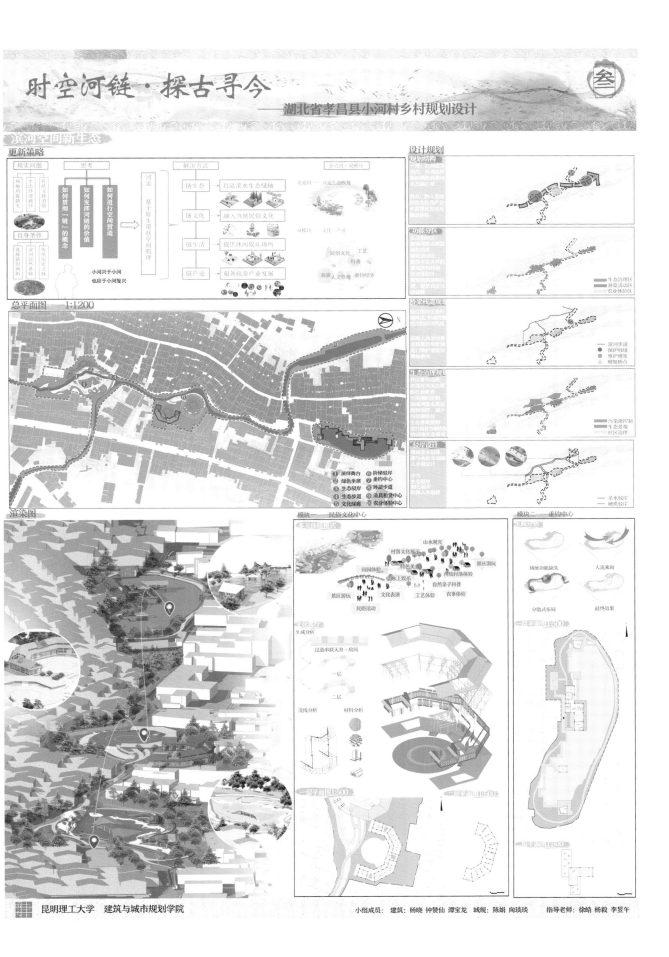

时空河链·探古寻今
——湖北省孝昌县小河村乡村规划设计

滨河空间新生态

更新策略

设计规划

总平面图 1:1200

渲染图

模块一 民俗文化中心

模块二 垂钓中心

昆明理工大学 建筑与城市规划学院

小组成员： 建筑：杨晓 钟赞仙 谭宝龙 城规：陈娟 向琰琰 指导老师：徐皓 杨毅 李昱午

时空河链·探古寻今

—— 湖北省孝昌县小河村乡村规划设计

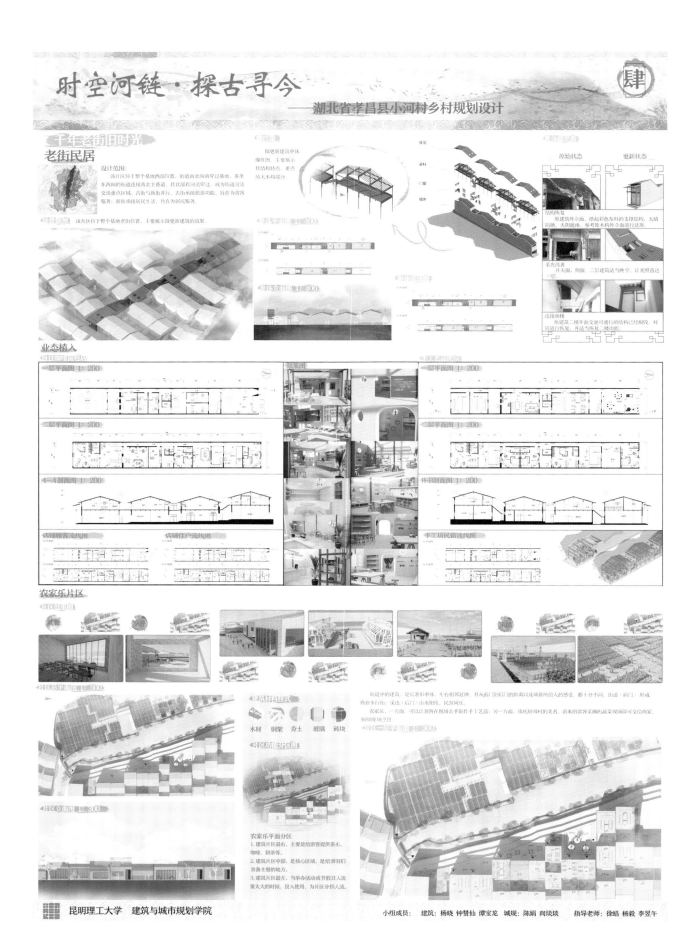

昆明理工大学 建筑与城市规划学院

小组成员：建筑：杨晓 钟赞仙 谭宝龙 城规：陈娟 向琰琰 指导老师：徐皓 杨毅 李昱午

时空河链·探古寻今

——湖北省孝昌县小河村乡村规划设计

老街韵行舍

鸟瞰图

平面图

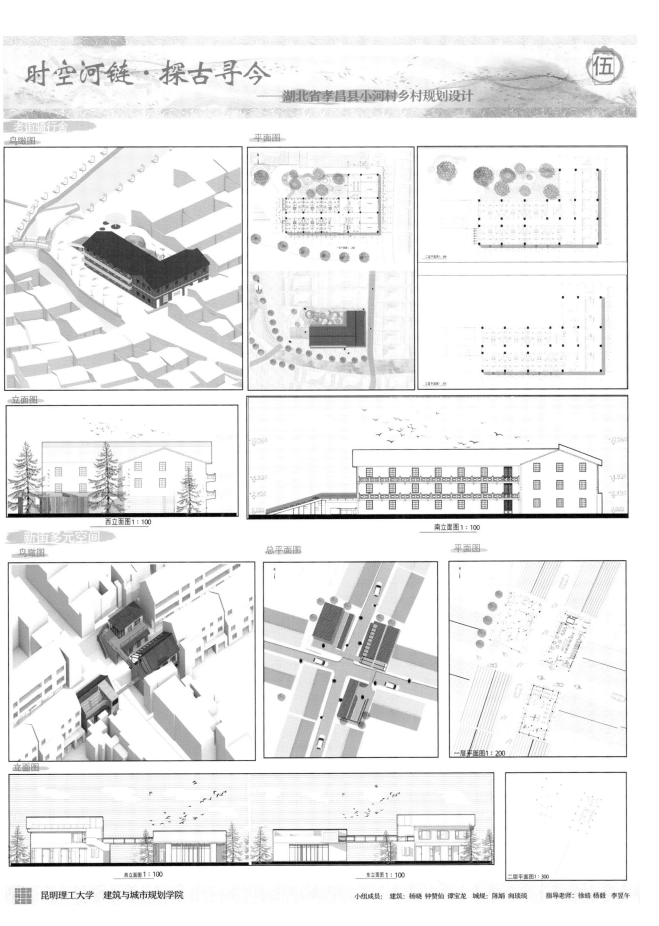

立面图

西立面图1：100

南立面图1：100

新街多元空间

鸟瞰图

总平面图

平面图

一层平面图1：200

立面图

西立面图1：100

东立面图1：100

二层平面图1：300

昆明理工大学　建筑与城市规划学院

小组成员：建筑：杨晓 钟赞仙 谭宝龙　城规：陈娟 向琰琰　指导老师：徐皓 杨毅 李昱午

昆明理工大学

杨晓

我很开心也很幸运参与此次乡村联合毕业设计。当我初次踏入小河村时，心中满是对未知的好奇与期待。经过三个月的付出，我对这片土地充满希冀和愿景。我们深入田间地头，与村民们交流，倾听他们的故事，而后与队友并肩作战，将故事化作图纸，讲述未来的景象。这是一次很有趣的经历。

三个月的时间，说长不长，说短不短。但对我来说，这三个月却是大学五年中最宝贵、最难忘的时光。这段时间，我深感自己的幸运与责任，幸运于能在这片土地上留下自己的印记，责任于要将这份美好传递给更多的人。愿此次所有人的出谋划策，能组成一曲悠扬的歌，在孝昌的土地上久久回荡，为乡村的未来增添一抹亮丽的色彩。

钟赞仙

能够以小河村的明清古街为研究对象，我感到无比荣幸。这段时间的调研与策划，如同一场与时光的对话，使我深刻地领悟到历史建筑的珍贵与文化传承的意义。漫步在小河村的石板街上，仿佛穿越了千年，聆听到了古老的回响。

通过对小河村历史文化和建筑风貌的深入探讨，我不仅提升了专业技能，更在心底萌生了一份深沉的责任感与使命感。我作为一名即将毕业的建筑学学生，深知建筑不仅仅是空间和结构的创造，更是历史与文化的延续。未来，我将继续努力，去守护和发扬这些珍贵的建筑遗产，让古老的建筑焕发出新的生机与光彩，让更多人从中感受到历史的温度与文化的魅力。

谭宝龙

能够参与这次五校乡村联合毕业设计，与来自不同学校的同学们共同交流学习，我深感荣幸。这次合作不仅让我拓宽了视野，也锻炼了我的团队协作能力和沟通能力。在交流碰撞中，我们互相学习，共同进步，最终共同完成了这个具有挑战性和创新性的设计任务。感谢每一位参与者的辛勤付出和无私奉献，让我们的设计成果更加完美。这次联合毕业设计经历将成为我宝贵的财富，激励我在未来的学习和工作中继续努力，追求更高的目标。

陈娟

本次毕业设计以湖北省千年古县孝昌县的小河村这一传统村落为规划对象。初识小河村，我就被其历史底蕴所震撼，对其产生了浓厚的兴趣，跟随老师一起深入走访调研，更让我了解了其自然、人文、民生情况，为后续规划奠定了基础。

村庄规划是一项综合性、实践性很强的工作，要求我们在具备扎实的专业知识和技能的基础上，综合规划村庄社会发展、环境保护、民生改善等多个方面。在这次毕业设计过程中，我学会了运用所学城乡规划知识去解决村庄发展的实际问题，勾勒村庄未来发展画卷。通过科学规划、精心实施，相信小河村将更加美丽、宜居、富裕，成为人们向往的地方。

向琰琰

很高兴在我本科学习的最后一个阶段加入五校乡村联合毕业设计小组。我依然记得，我们第一次造访小河村，看到环西街两侧独特的纵长形民居建筑，沿着明清时期的青石板路感受小河村古时的繁盛，也惋惜如今的衰落。

在此毕业之际，感谢徐皓老师总能在我们设计遇到瓶颈时给出巧妙的建议，感谢同组的队友在设计过程中相互学习、配合，使得此次毕业设计顺利完成。

为期三个月的毕业设计终于行至尾声，为我们大学五年画上了最后的句点。作为青年的我们是整个社会中最积极、最有生机的一股力量，也是推进乡村振兴的主力军，在此鼓励更多青年人在大有可为的乡村大展身手，书写青春的篇章。

河汇百态，脉连城乡

—— 湖北省孝昌县小河溪社区概念规划及重点地段城市设计

西安建筑科技大学

Xi' an University of Architecture and Technology

河汇百态，脉连城乡 ——湖北省孝昌县小河溪社区概念规划及重点地段城市设计

参与学生　李铭华　张　奥　何欣蕊　古宫昕　徐艺蕾　孟祥成

指导老师　段德罡　李立敏　谢留莎

乡村振兴，既要塑形，也要铸魂。乡村振兴离不开文化振兴。习近平总书记高度重视乡村文化建设，强调"实施乡村振兴战略要物质文明和精神文明一起抓，特别要注重提升农民精神风貌"。文化振兴既是乡村振兴的重要组成部分，也是实现乡村全面振兴的活力之源。

2023年中央一号文件释放改革信号，首提"和美乡村"。"和美乡村"，是对乡村建设内涵和目标的进一步丰富和拓展。从建设社会主义新农村，到建设美丽乡村，再到建设和美乡村，不仅是乡村建设的"版本升级"，更是乡村发展的"美丽蜕变"。中央农村工作会议传达学习了习近平总书记对"三农"工作作出的重要指示，强调坚持农业农村优先发展，坚持城乡融合发展。顺应城镇化大趋势，应当牢牢把握城乡融合发展正确方向，重塑新型城乡关系，促进乡村振兴和农业农村现代化。那么在这些大背景下，对于小河溪社区这样一个复杂的对象，应如何分析并寻求出路？

小河溪社区作为一个复合对象，在城镇层面，起到城尾村头的角色；在社区层面，处于城乡的过渡位置；在乡村层面，是文脉存续的媒介。对于这种多重身份、多重关系、多重使命的多维复合对象，需要进行多维度的深度考量。在古代社会，小河辐射周边，两天一市集，村落具有较强的独立性，并对镇的商业发展有支撑作用，镇与城通过小河实现发展互联，表现为汇聚关系；在当下，镇村之间除了区划等级缺少关联外，人口流失也很严重。农业现代化后村民多进城务工，村的生存由城市直接支撑，绕过镇这一环节，镇的发展滞后于城，表现为断裂关系；在未来，城市现代化发展理念与产业引入镇，城对镇资源回流，引导产业提质增效，发展为村向镇提供生态价值，镇向城市提供生态文化价值，城市向镇、镇向村提供经济价值。镇、村要素双向流动，吸引城市，表现为互济关系。

基于此，本次联合毕业设计以湖北省千年古县孝昌县历史文化资源特色村镇为对象，以乡村文化振兴和共同缔造为目标，旨在通过深入的调查研究，使学生充分认识中部地区全面实施乡村振兴战略和推进乡村建设过程中呈现的新特征和面临的新问题，以及乡村土地利用、建筑设计、景观风貌营造的新需求和新目标，进而通过参与式村庄规划、在地性建筑设计与乡土景观营造，使学生从务实和创新两个角度为建设宜居宜业和美乡村提供规划设计方案，以综合训练学生解决实际问题的能力。

2024 河汇百态·脉连城乡

全国五校乡村联合毕业设计
湖北省孝昌县小河溪社区概念规划及重点地段城市设计

PART1
多角色未来城乡社区
——基本现状梳理

01

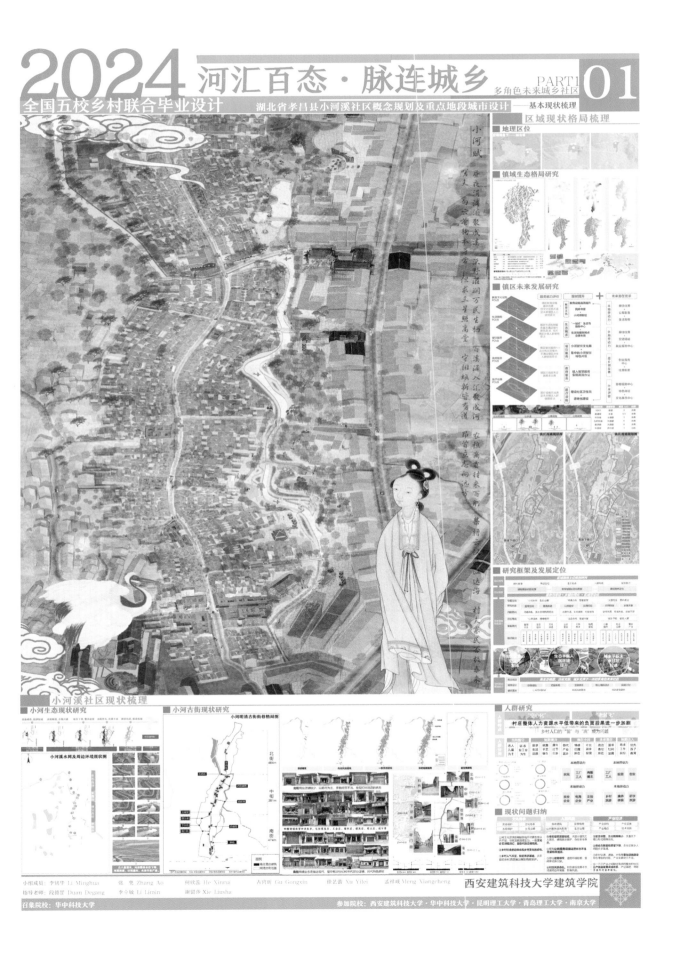

区域现状格局梳理

地理区位

镇域生态格局研究

镇区未来发展研究

研究框架及发展定位

小河溪社区现状梳理

小河生态现状研究

小河溪水网及周边环境现状图

小河古街现状研究

小河明清古街街巷格局图

北街 44m

中街 38m

南街 47km

人群研究

村庄整体人力资源水平低带来的负面后果进一步加剧

乡村人口的"留"与"流"成为问题

现状问题归纳

小组成员：李铭华 Li Minghua　　张奥 Zhang Ao　　柯欣芮 He Xinrui　　古宫昕 Gu Gongxin　　徐艺蕾 Xu Yilei　　孟祥成 Meng Xiangcheng

指导老师：段德罡 Duan Degang　　李立敏 Li Limin　　谢留莎 Xie Liusha

西安建筑科技大学建筑学院

召集院校：华中科技大学

参加院校：西安建筑科技大学·华中科技大学·昆明理工大学·青岛理工大学·南京大学

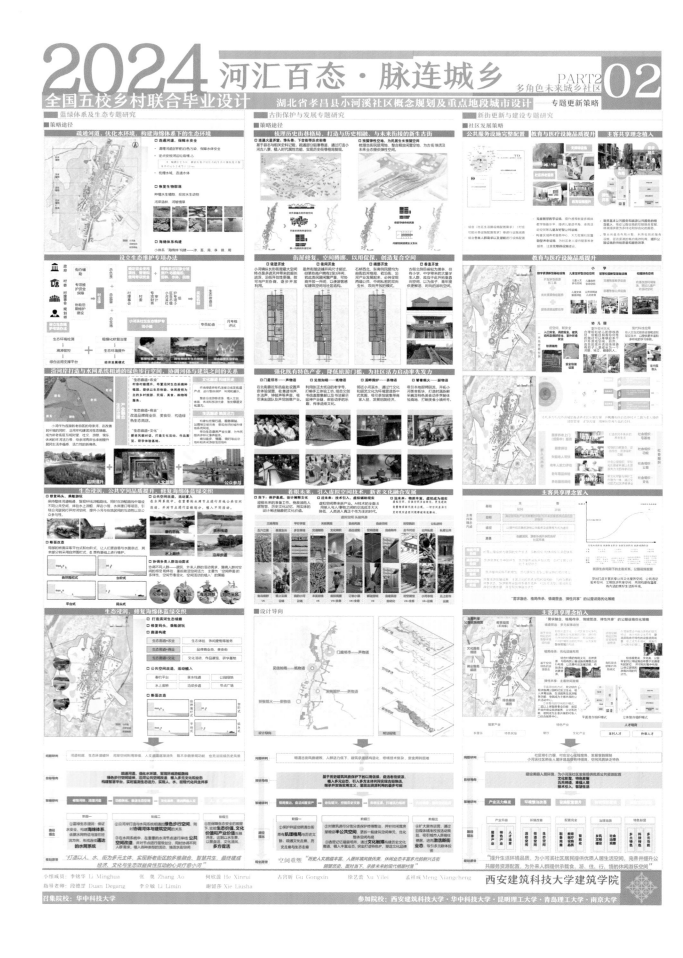

2024 河汇百态·脉连城乡

全国五校乡村联合毕业设计

PART3 多角色未来城乡社区 **03**

湖北省孝昌县小河溪社区概念规划及重点地段城市设计——核心地段规划

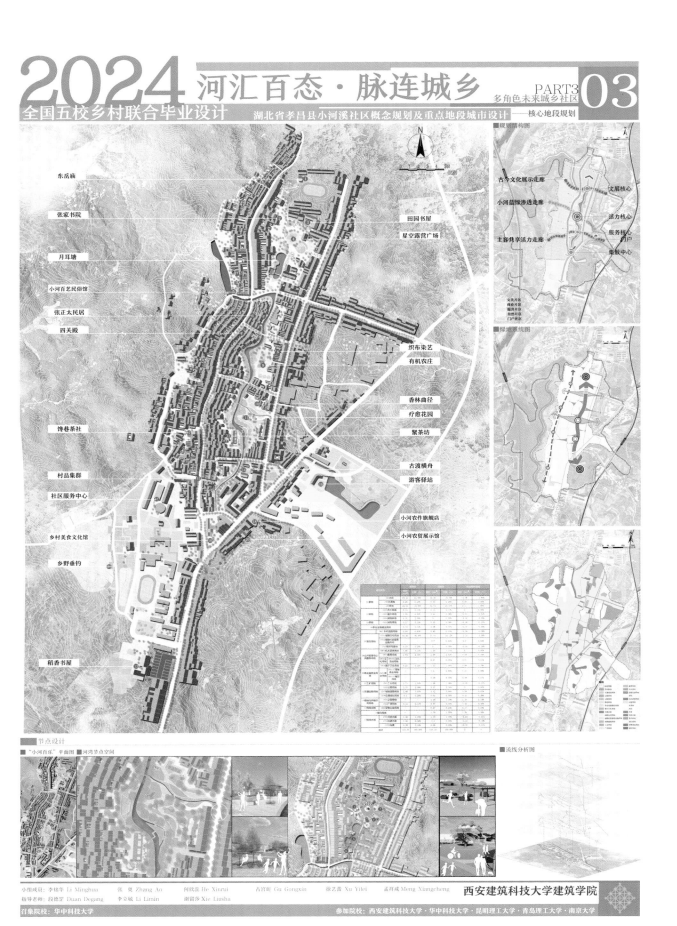

■节点设计

"小河百乐"平面图 河湾节点空间

■流线分析图

小组成员：李铭华 Li Minghua　张奥 Zhang Ao　何欣蕊 He Xinrui　古宫昕 Gu Gongxin　徐乙蕾 Xu Yilei　孟祥成 Meng Xiangcheng
指导老师：段德罡 Duan Degang　李立敏 Li Limin　谢留莎 Xie Liusha

西安建筑科技大学建筑学院

召集院校：华中科技大学　　　参加院校：西安建筑科技大学·华中科技大学·昆明理工大学·青岛理工大学·南京大学

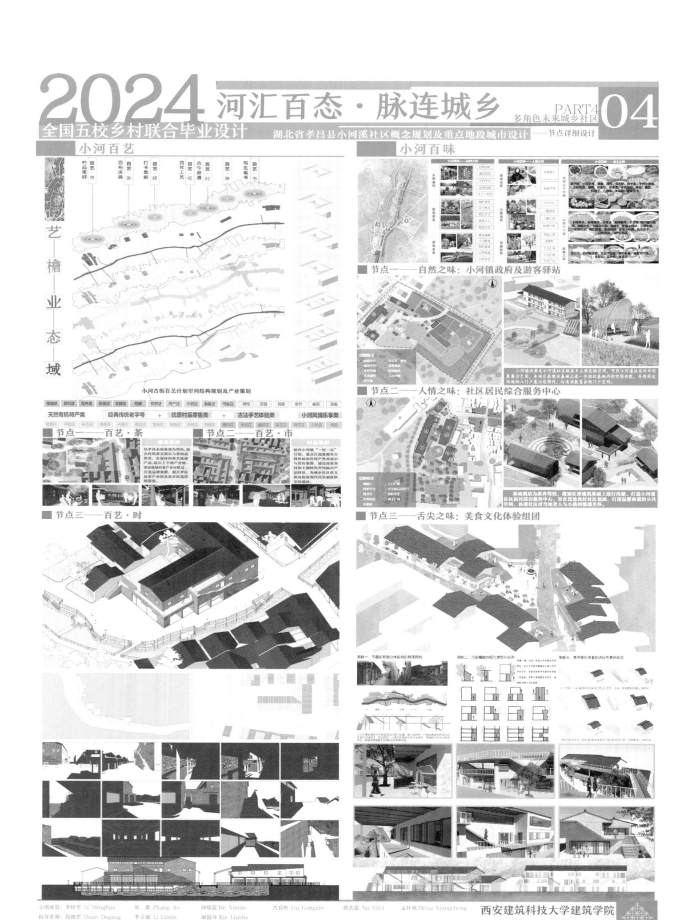

2024

河汇百态·脉连城乡
全国五校乡村联合毕业设计

PART4
多角色未来城乡社区
04

湖北省孝昌县小河溪社区概念规划及重点地段城市设计——节点详细设计

小河百艺

小河古街百艺计划空间结构规划及产业策划

节点一——百艺·茶
节点二——百艺·市
节点三——百艺·时

小河百味

节点一——自然之味：小河镇政府及游客驿站
节点二——人情之味：社区居民综合服务中心
节点三——舌尖之味：美食文化体验组团

小组成员：李铭华 Li Minghua   张奥 Zhang Ao   何欣蕊 He Xinrui   古宫昕 Gu Gongxin   徐艺磊 Xu Yilei   孟祥成 Meng Xiangcheng
指导老师：段德罡 Duan Degang   李立敏 Li Limin   谢留莎 Xie Liusha

西安建筑科技大学建筑学院

召集院校：华中科技大学

参加院校：西安建筑科技大学·华中科技大学·昆明理工大学·青岛理工大学·南京大学

西安建筑科技大学

李铭华

我有幸参与本次五校乡村联合毕业设计，在小河溪社区的经历都历历在目。从现状调研、基础研判、专题研究再到规划设计，我们在一次次的推翻重来中熬过大大小小的夜，在一次次讨论打磨中有哭有笑地走过了三个月。首先要感谢联合院校的各位老师与同学们，能提供这样一个切磋交流的机会，让我前四年学习到的专业知识和技能得以检验，也非常感谢段德罡教授、谢留莎老师、李立敏老师的悉心指导和组员的配合，以及在我失落时刻耐心陪伴我并答疑解惑的师兄师姐们，最后感谢执着且努力的自己，还怀揣着最初的热爱投入规划与设计。

张奥

参加本次五校乡村联合毕业设计是一次宝贵的机会，我很荣幸能和五校师生共同前往孝昌县实地调研，一起在华中科技大学参加中期汇报，并在最后前往云南昆明答辩。对我而言，这是一次很好的走进乡村的机会，深入小河生活、感受小河历史、发现小河之美、了解小河人情，也认识了乡村发展的现状，以学习的态度进行乡村规划，并对小河溪社区有了更深的感情。在过去的几个月里，与小组同学们共同探讨方案、推进度，与老师们交流心得感悟，虽然过程十分艰辛疲惫，但最后还是跟大家一起圆满完成了设计构思，当然毕业设计中也存在很多不足，这也是我未来规划学习的一个新的起点。感谢团队合作的经历，感谢小组同学的陪伴。

愿山水万程，皆遇好运！

何欣蕊

五年的本科学习生涯即将落下帷幕。回首往昔点滴，在我学习成长的道路上，有太多的良师益友，他们陪伴我、鼓励我、帮助我，与我一同走过了最难忘的青春年华。首先要感谢我的指导老师，在毕业设计过程中给予我很多建议与指导。老师渊博的知识，对专业执着、认真、严谨的态度，力求尽善尽美的精神都深深地影响着我。

山水一程，三生有幸。感谢我身边的同学，在我做毕业设计的过程中给予我很多帮助，他们十分勤奋，葆有一颗对专业的热忱之心，是我学习的榜样。他们总会在我需要时伸出援助之手，并时刻激励着我前行。因为有了他们，我的学习、生活才更加多姿多彩。

古宫昕

本次毕业设计的对象是小河溪社区，它作为一个复合对象，拥有多重身份，引发我们思考，在段德罡老师、李立敏老师和谢留莎老师的悉心指导下，我们完成了这项设计，从中受益匪浅，愿老师们桃李芬芳，教泽绵长。在这三个月的时间里，我和小组同学们一起努力奋斗，一起经历了数个无眠的夜晚，最终获得了令大家欣喜的成果，我将永远怀念且感谢这段经历。

只言片语，落笔至此，思绪万千。我衷心感谢在这段时间里给我人生带来启迪和感动的师长、同学和朋友们，我也将继续前进，奔赴人生的下一站，希望自己对得起这一路的真诚，希望自己对得起所学和所遇。

徐艺蕾

参加五校乡村联合毕业设计对我来说是一次宝贵的学习经历。在调研湖北省孝昌县小河镇的过程中，我深刻体会到城乡一体化发展的重要性。小河镇具有独特的自然环境和深厚的文化底蕴，但也面临着城乡发展不均衡的问题。我们团队以"河汇百态，脉连城乡"为主题，通过设计连接城乡的纽带，致力于提升小河镇的整体发展水平。在设计过程中，我们注重结合现代设计理念与当地传统元素，力求在保护和传承地方特色的同时，融入创新的设计手法。最终的设计成果不仅展示了小河镇的自然美景和人文特色，还通过合理的功能布局和空间设计，提升了当地居民的生活质量，促进了城乡之间的互动和交流。

孟祥成

本次联合毕业设计是我首次与城乡规划专业同学合作。在这个跨专业的合作中，我了解到了两专业的思维差异与各自的问题领域，也试图给出属于我们的合作答卷。小河镇是个独特的设计对象，既有城市的集中、高度分工的特点，也有乡村的自然、复合分工的特点。在对小河镇的调查、研究、规划与设计的过程中，我们深入思考了城乡关系，并尝试将我们思考得出的城乡理念融入自己的设计。

最后，感谢段老师对我们乡建意识的深刻启发，感谢李老师、谢老师对我们细致入微的教导与关怀。

小溪潺潺潩环扣，悠悠古街话乡梦

——新农人扎根计划驱动下的小河溪社区发展探索

青岛理工大学

青岛理工大学

小溪潺潺澴环扣，悠悠古街话乡梦

| 参与学生 | 明晓慧　王艺璇　刘蓉蓉　徐遇海　徐广宁　唐艺月　赵志毅 |

| 指导老师 | 王翼飞　王　轲　王润生　朱一荣　刘一光 |

教师解题

　　小溪潺潺，悠悠古街。2024年带着五校乡村联合毕业设计任务，同学们走进了湖北孝昌县小河溪社区。在古街上行走，安适静谧、人迹罕至是给人最深刻的感触。难以想象百年前这里兴盛繁荣的景象。

　　忆往昔，风水宝地，因势而建；山水林田，资源丰厚；古街繁华，车水马龙；文化宝地，人才济济。看当下，优势不再，水陆皆失，文化氛围消失，产业结构单一，人口外流，资源浪费。面对如今的发展窘境，如何激活社区活力，传承社区文化，延续社区生境是亟待解决的难题。本小组从"人"的角度出发提出了"新农人扎根驱动计划"的毕业设计命题，深挖村庄发展的人群需求，以特色文化、空间、人居环境为载体，探索村庄活力重塑与持续发展的激活点。

　　小河溪社区坐拥优质的自然环境资源、深厚的历史人文资源与特色产业资源，具备吸引多种人群的潜力；逆城镇化背景下人们康养需求与文旅体验需求日益增长，结合小河溪社区的区位条件与文旅康养承载力，可挖掘田园康养者、文化体验者、外来人才等人群的需求，进而激发潜在"新农人"群体的返乡与赴乡热情，为乡村带去新的发展观念，挖掘乡村的文化内涵。

　　以"新农人"的需求与发展意愿为活力激发点，着眼小河溪社区的现状格局与生活生产方式，结合古街传统肌理与水系，打造"潆""环"相扣的空间组织结构；激活文化活化传承、产业优化振兴、生态修复改善、人居环境自治等机制，引导乡村持续、良性发展。

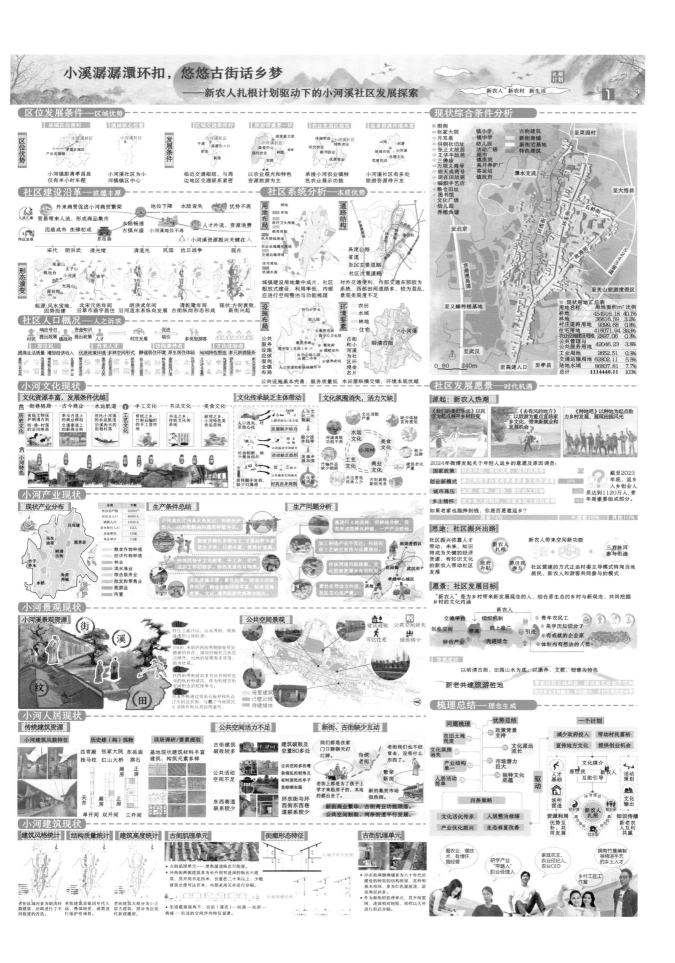

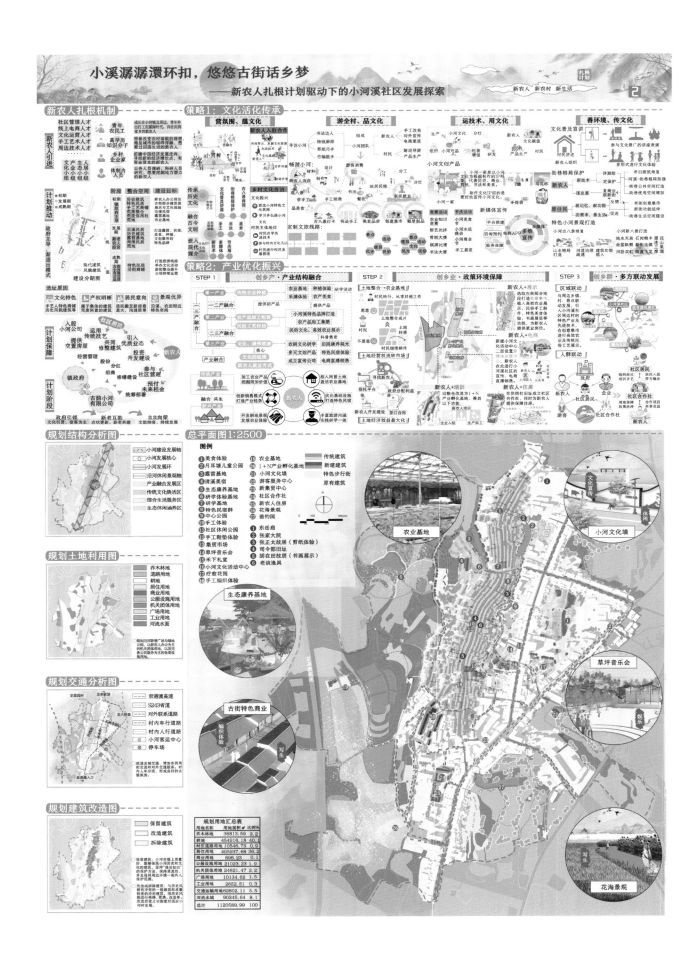

小溪潺潺灉环扣，悠悠古街话乡梦
——新农人扎根计划驱动下的小河溪社区发展探索

新农人　新农村　新生活

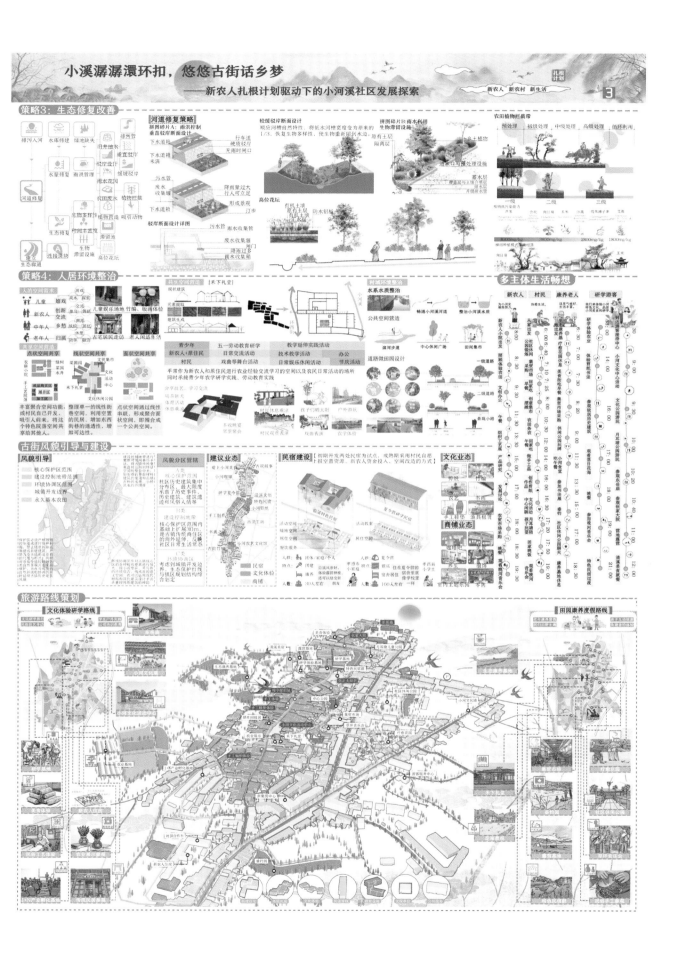

小溪潺潺潺环扣，悠悠古街话乡梦
——新农人扎根计划驱动下的小河溪社区发展探索

中心活动广场景观设计

1. 主入口
2. 入口喷泉广场
3. 草坪雕塑艺术
4. 休憩凉亭
5. 历史文化馆
6. 历史文化馆主入口
7. 跌水广场
8. 生态广场
9. 硬质广场
10. 生态下凹绿地
11. 滨水平台
12. 游憩绿地主入口

文化展览馆及村民活动中心

室内效果

-1F平面图

1F平面图

2F平面图

■形体生成
生成3个体块　将体块转向河　连接3个体块

■细节渲染图

■建筑功能定位
新媒体运营中心：辅助旅游产业进行推广宣传，快速打出知名度
文化展览馆：小河古镇历史、民俗展示及讲解，古代繁荣场景复原展示
文创集合店：文创售卖、手工制品现场制作并指导游客体验
村民活动中心：游客可以向村民了解当地习俗、融入深度体验

■经济技术指标
建筑密度：18.6%
绿化率：≥30%
建筑红线退让：≥10m
总建筑面积：2276㎡

新媒体运营中心
文化展览馆
文创集合店
村民活动中心

社区鸟瞰图

青岛理工大学

明晓慧

　　三月，带着对毕业设计的憧憬和对湖北乡村的向往，我来到春意乍现的小河溪社区，匆匆忙忙开始了毕业设计之旅。那时我不曾想到，这将会是我此生无法忘记的旅程。在这趟旅程中，我遇到了很多阻力，但在组员们的理解和自己最终的坚持下，我成功完成了毕业设计任务。毕业设计落幕，我的本科学习也画上圆满的句号。有幸参与本次五校乡村联合毕业设计，与其他学校师生一起交流讨论、互相学习，在此，我要向五校同学以及各位指导老师献上最诚挚的敬意。

　　深入了解小河溪社区的历史，我们认识到了这一类村庄的困境，和老师同学们的交流为我们提供了一种全新的看待乡村发展的视角，弥补了本科期间课堂教育的不足。希望在未来，我们能够更多地将理论与实践相结合，书写属于我们的篇章。

王艺璇

　　很幸运能够参加此次五校乡村联合毕业设计，我们一起走进小河溪社区做调研，在绿树成荫的华中科技大学进行中期答辩，在鲜花盛开的昆明理工大学进行最终答辩。和来自五湖四海的同学一路同行，给我的本科生涯画上了难忘的句号。

　　感谢来自华中科技大学、西安建筑科技大学、昆明理工大学、南京大学、青岛理工大学五校所有参与联合毕业设计的老师们和同学们。在为期三个月的毕业设计过程中，五校的老师们给了我们从不同角度切入方案的指导，五校的同学们也会在第一时间相互分享资料、交流经验，让我收获了知识和温暖。希望我们的毕业设计可以为小河溪社区的发展提供一些可借鉴的思路，希望老师们和同学们平安喜乐、健康顺遂。

刘蓉蓉

很荣幸在十周年这个里程碑的时刻参与五校乡村联合毕业设计。这不仅是一个学术与实践的交会点，更是一个能够深入乡村、体验乡村文化的宝贵机会。每一个村庄都有其独特的故事和背景，只有深入了解并尊重这些差异，我们才能做出真正符合乡村实际、满足村民需求的规划方案。小河村源远流长的历史，在涓涓流淌的溪水中得到了生动的诠释。在这个过程中，我深感乡村规划不仅是一项技术工作，更是一种人文关怀的体现。我们学会了如何以人为本，真正地去读懂村民的需求。每一次的讨论和交流都让我们受益匪浅，不仅拓宽了我们的视野，也提高了我们的专业素养。我期待未来可以继续深入乡村、服务乡村！

徐遇海

很荣幸参与本次五校乡村联合毕业设计，在九省通衢的武汉，在千年昌隆的孝昌，在人文荟萃的小河村，我们开展了乡村规划。

本次规划增强了我对乡村的热爱，培养了我的团队意识和协作能力。在参与毕业设计的过程中，我们团队深入调研、实地考察、与村民沟通交流，共同探讨解决问题的方法。在这个过程中，我学会了如何与不同背景的人进行有效的沟通，如何运用所学知识解决实际问题。

作为毕业设计，本次乡村规划是五年学习生涯的谢幕，是对我们学习成果的检验。在这里我要感谢老师对我的指导，感谢小组成员的包容与帮助。

徐广宁

本次毕业设计选址位于湖北省孝感市孝昌县。通过这次乡村规划设计的课题，我更深切地了解了南北方的文化、气候、风俗、生活习惯的差异，感受到了小河村的悠久文化以及历史变迁带给小河村的变化。这次小组作业更加深了我和团队成员的感情，让我收获了真挚的友情。我们在毕业前夕共同面对挑战，互相鼓励，共同进步。毕业设计也提高了我的合作能力及沟通能力。通过与五校师生的交流，我体会到了不同地区学校的教学异同。各校的教学侧重点可能不同，但是大家的培养目标几乎相同，都是为国家输送更多的建筑人才。同时，在与兄弟院校的老师、同学交流的过程中，我也收获了新的启发和思路。

唐艺月

第一次与城乡规划专业的同学一起合作完成一个项目。我非常有幸加入这次有意义的联合毕业设计，与其他学校的同学交流能感受到他们的自信。

从降落到风景园林这棵大树上，沿着这棵树的树干一直行走，直到现在，我还未曾认识大树上所有的树叶。大树在春天抽芽，在夏天开花，在秋天落叶，现在，我摸着大树粗糙的树皮，裹紧身上的棉袄——从即将到达的树枝上滑下之后，我毅然决然地继续向上爬。大树依然会生长，春天迟早会到来。

"黑色的不是夜晚，是漫长的孤单，看脚下一片黑暗，望头顶星光璀璨。"感谢带我认识这棵大树的老师和一起旅行的伙伴。

赵志毅

这次联合毕业设计对我而言是一次宝贵而深刻的学习体验。这个过程中，我不仅学到了专业知识和技能，更对乡村规划与环境设计的结合有了更深的理解和感悟。

通过实地调研，我深入了解了小河村的现状与特点，观察了其建筑布局、自然景观以及居民的生活方式。在设计过程中，我尝试将所学的专业知识与乡村的实际情况相结合，注重保护乡村的自然景观和人文特色，同时也考虑到了居民的日常生活需求和乡村未来的发展潜力，尝试运用各种设计手法和理念来打造既美观又实用的乡村环境。

好的设计需要考虑到多个方面的因素，包括自然环境、人文特色、居民需求、经济发展等。同时，我也更加明白了自己的责任和使命，那就是要用自己的专业知识和技能，为乡村的发展和振兴贡献自己的力量。

古街新瞰，小河品馔

—湖北省孝昌县小河溪社区乡村规划设计

南 京 大 学

京大学　　　　　　　　　　　　　　　　　　　Nanjing University

街新瞰，小河品馔　　　　　　　——湖北省孝昌县小河溪社区乡村规划设计

参与学生　　倪嘉文　梁逸凡　刘　相

指导老师　　罗震东　徐逸伦　孙　洁

教师解题

　　尽管乡村沉浮在浩浩汤汤的城镇化历史洪流中，顶着城乡二元意识下统一的"乡"的标签，它的魅力还是来自万千个个体在不同的自然、历史语境中形成的万千种姿态，这也是万千个乡村个体得以存在和繁衍的生命力。我们来到孝昌，走进小河村，看到的不仅是走出城市之后的乡村，更是历史洪流里万千不一样的浪花中沉浮的一朵。是什么样的环境和历史的偶然孕育出小河村这样的一种存在？它的不一样如何牵引着生命蓬勃、衰微和延续的可能？

　　基于乡村持续衰退和收缩的大背景，怀着乡村振兴的大目标，乡村规划从根上经受着时代的冲击和洗练。"基于规律性的组织安排"是我们所熟知且能熟练运用的规划，而在当前的背景和目标下，这种理性的规划思路难以串联合适的话语。"面向可能性的组织行动"可作为当前乡村规划的一种思路，数字链接的深入为乡村提供了无界的广阔环境，消费社会的兴起为乡村提供了日趋多样的需求，收缩背景下的兴起就具有巨大、多样的可能，这些可能性则成为规划的落脚点。然而，不是所有的乡村都能够在这个浪潮中创造巨大的可能。能在衰落大势中延续和兴起的乡村，必有其独特性。

　　本组规划的要点：一是发现小河村的独特性，探索这些独特性在小河村发展的历史过程中有什么样的作用，当前的发展中有些独特性为什么没有继续有效地转化为小河村的生命力；二是搜寻生命力重新激活的可能性，可能性来源于跳出小河村固有的地理环境和历史语境，结合数字时代和消费时代，寻找个体独特性和数字化、多样性的交点，讨论激活独特性的可能；三是保障组织行动的理性，锚定某一可能性及其独特性要素，提出实现可能性的关键措施，安排与关键措施相适应的空间、设施和建筑体系。

古街新瞰，小河品馔

湖北省孝昌县小河溪社区乡村规划设计 ①

学校：南京大学　指导老师：罗震东、徐逸伦、孙洁　组员：倪嘉文、梁逸凡、刘相

识·地域要素

区位分析
对外交通便捷，发展城市近郊周末游潜力大

资源禀赋
文化资源丰富

湖北省文化厅

小河镇：
省级民间文化艺术之乡
省级明清古街
湖北省旅游名街

上位规划
《孝昌县国土空间总体规划（2021-2035）》　《孝昌县文化和旅游发展"十四五"规划》

孝昌县县域性质：
武汉城市圈京广轴带绿色产业示范基地
荆楚绿色农旅康养基地
山水田城融合的花园

小河镇：农产品主产区
东部特色农旅融合示范带
东部特色苗木种植区
东北部观音湖生态文化旅游度假区

古街古建
古建众多：街北有东岳庙、藏经楼、天官府、张家大院；中段有公孙桥（石桥晚眺）、四官殿；南塘有胡天成、万顺义等百年老字号。

明清古街是"小汉口"的中心。

小河美食
仙雨砭：玉皇李、雨台家庭农场、养牛大户
前进：黄桃基地、茶叶基地
河西：草坪基地、葡萄园、孙猴桃基地
菜缘：红苋菜薹
国庆：迷迭香基地、宇飞农机合作社
联新：稻渔综合养殖
沙窝：红萝卜
友庆：苗木基地
曙光：好机会合作社

小河溪社区：主要承担镇区功能；周围村"一村一品"、运作机制完善，为镇区提供可用于烹饪美食丰富的农作物。

非遗艺术
小河镇非物质文化遗产众多，其中书法艺术是小河最亮的名片。明清古街还传承着雕花剪纸、木版年画、扎胡竹编、绣花鞋垫等非遗手工艺品。

拥有优秀资源禀赋的小河，为何冷清寂静？

小河困局一：古街特色不鲜明——小河明清古街（看不到）

名称	规模	人口	距离	特色
柏泉古镇	0.33km²	万余人	距汉口中心17km	
黄花涝古镇	0.53km²	2000人左右，首批特种植	距汉口18.15km	
长胜街古镇	全长400m，一期建筑4.4万㎡/2900m	400人	距武汉市中心120km，距黄冈市中心140km	
羊楼洞	0.75m²，以明清建筑为载体，主街宽6m，长2200m	4000人	距武汉150km，距赤壁市西南28km	

小河困局二：美食空间不集聚（吃不到）

游客：美食店铺分散难找，缺少消费的独特吸引力
居民：特色美食认同度高，经营种类缺少IP形象

小河困局三：文化业态未活化（玩不到）

居民：崇尚文化氛围浓厚，非遗传承缺以延续

于触媒视角寻求策略：

破·触媒破局

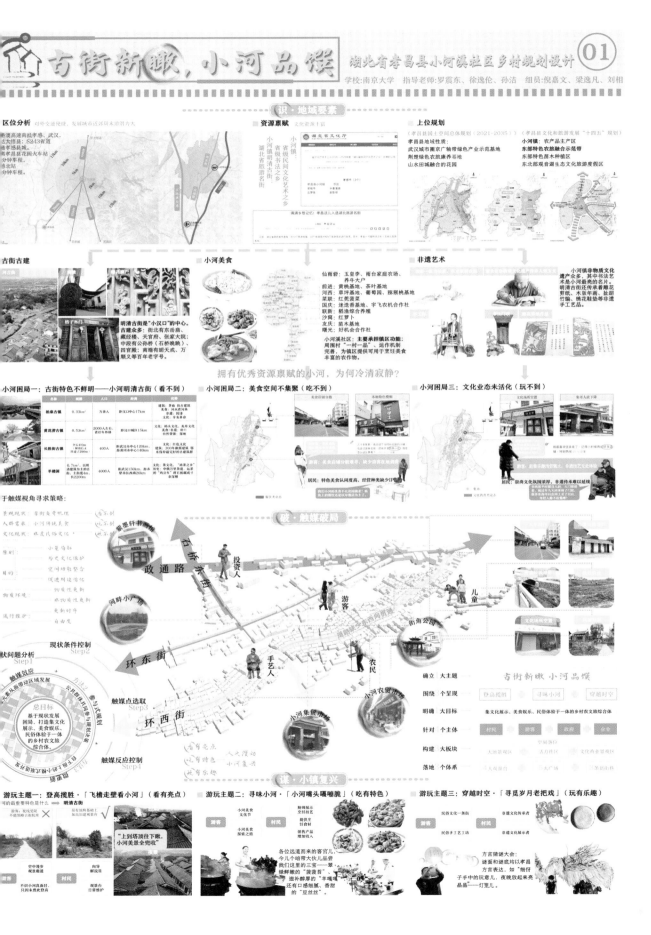

紫墨轩书画馆
古东街
政通路
投资人
河畔小广场
游客
儿童
街角公园
环东街
手艺人
农民
环西街
小河农贸市场
小河集贸市场

现状问题分析 Step1
现状条件控制 Step2
触媒点选取 Step3
触媒反应控制 Step4

总目标：基于现状发展困局，打造集文化展示、美食娱乐、民俗体验于一体的乡村农文旅综合体。

确立 大主题　古街新瞰 小河品馔
围绕 个呈现　登高揽胜　寻味小河　穿越时空
明确 大目标　集文化展示、美食娱乐、民俗体验于一体的乡村农文旅综合体
针对 个主体　村民　游客　政府　企业
构建 大板块
落地 个体系

谋·小镇复兴

游玩主题一：登高揽胜·「飞檐走壁看小河」（看有亮点）

明清古街

"上到塔顶往下瞰，小河美景全兜收"

游玩主题二：寻味小河·「小河嘴头嘎嘣脆」（吃有特色）

各位远道而来的客官，今儿个咱带大伙儿品尝我们这里的三宝——翠绿鲜嫩的"菠菜苔"，滋补醇厚的"羊嘬子"，还有口感细腻、香糯的"豆丝儿"。

游玩主题三：穿越时空·「寻觅岁月老把戏」（玩有乐趣）

方言猜谜大会。谜面和谜底均以孝昌方言表达，如"细伢子手中的玩意儿，夜晚放起来亮晶晶"——灯笼儿。

古街新瞰，小河品馔

湖北省秭归县小河溪社区乡村规划设计 ②

学校：南京大学　指导老师：罗震东、徐逸伦、孙洁　组员：倪嘉文、梁逸凡、刘相

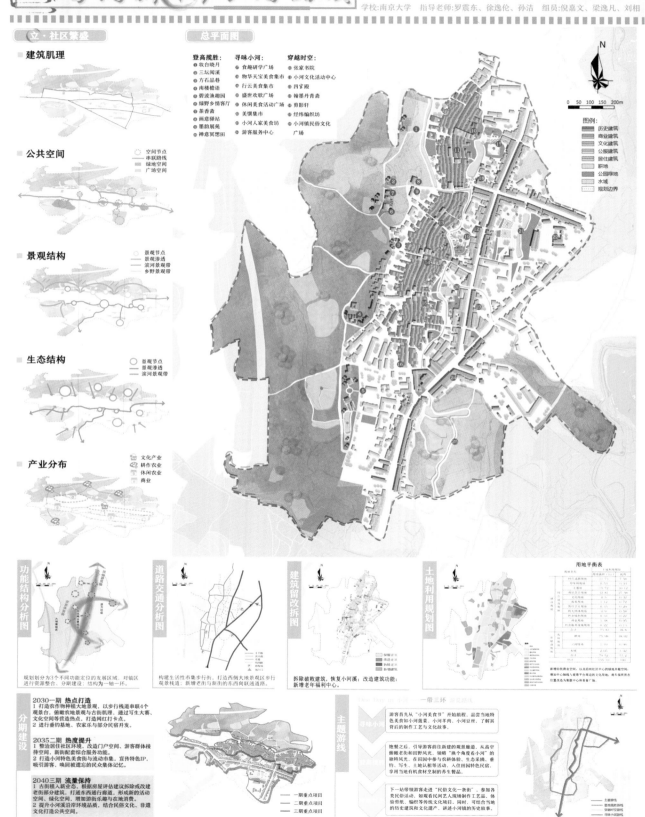

立·社区繁盛

建筑肌理

公共空间
- 空间节点
- 串联路线
- 绿地空间
- 广场空间

景观结构
- 景观节点
- 景观渗透
- 滨河景观带
- 乡野景观带

生态结构
- 景观节点
- 景观渗透
- 滨河景观带

产业分布
- 文化产业
- 耕作农业
- 休闲农业
- 商业

总平面图

登高揽胜：
① 牧台晓月
② 三坛阅溪
③ 方石品巷
④ 南棒橙语
⑤ 碧波渔趣园
⑥ 绿野乡情客厅
⑦ 茶香斋
⑧ 画意驿站
⑨ 墨意展苑
⑩ 禅意冥想田

寻味小河：
食趣研学广场
物华天宝美食市
行云美食集市
盛世欢歌广场
休闲美食活动广场
美馔集市
小河人家美食坊
游客服务中心

穿越时空：
张家书院
小河文化活动中心
四宫殿
翰墨丹青斋
剪影轩
经纬编织坊
小河镇民俗文化广场

图例：
- 历史建筑
- 商业建筑
- 文化建筑
- 公服建筑
- 居住建筑
- 耕地
- 公园绿地
- 水域
- 规划边界

功能结构分析图

规划划分为3个不同功能定位的发展区域，对镇区进行资源整合，分期建设；结构为一轴一环。

道路交通分析图

构建生活性市集步行片区，打造西侧大地景观步行观景栈道；新增老街与新街的东西向联通道路。

建筑留改拆图

拆除破败建筑，恢复小河溪；改造建筑功能；新增老年福利社。

土地利用规划图

用地平衡表

分期建设

2030一期 热点打造
1 打造农作物种植大地景观，以步行栈道串联4个观景台，偏瞰农地景观节点肌理，通过写生大赛、文化空间等营造热点，打造网红打卡点。
2 建设垂钓基地、农家乐与部分民宿开发。

2035二期 热度提升
1 整治居住社区环境，改造门户空间、游客群体接待空间，新街配套综合服务功能。
2 打造小河特色美食街与流动集，宣传特色IP，吸引游客，唤回被遗忘的民众集体记忆。

2040三期 流量保持
1 古街植入新业态，根据房屋评估建议拆除或改建老街部分建筑，打通东西通行廊道，形成新的活动空间、绿化空间，增加游乐场与在地消费点。
2 提升小河溪沿岸环境品质，结合民俗文化、非遗文化打造公共空间。

一期重点项目
二期重点项目
三期重点项目

主题游线

一带三环

寻味小河

游客首先从"小河美食节"开始旅程，品尝当地特色美食如小河菜羹、小河羊肉、小河豆丝，了解其背后的制作工艺与文化故事。

饱餐之后，引导游客前往新建的观景栈道，从高空俯瞰老街和田野风光，换个角度看小河，领略其独特风光，在田园中参与农业体验、生态采摘、垂钓、写生、土地认领等活动，入住田园特色民宿，享用当地有机食材烹制的养生餐点。

下一站带领游客走进"民俗文化一条街"，参加各类民俗活动，如观看民间艺人现场制作工艺品、体验刺绣、编织等传统文化项目。同时，可结合当地的历史建筑和文化遗产，讲述小河镇的历史故事。

- 主要游线
- 游览廊道
- 学研闲暇路线
- 寻味小河路线

古街新瞰，小河品馔

湖北省寿昌县小河溪社区乡村规划设计 ③

学校:南京大学　指导老师:罗震东、徐逸伦、孙洁　组员:倪嘉文、梁逸凡、刘相

总体策略

小河溪社区调查研究

空间调研 — 物质触媒 / 非物质触媒

人群类型 — 人群活动特征 — 人群活动调研

触媒理论下小河溪社区复兴方法构建

触媒载体的挖掘与确立 — 物质载体的确立 — 点状:观景台 / 线状:街巷体系 / 面状:广场体系

触媒载体的塑造与完善 — 精神载体的确立 — 文化 / 风貌 / 功能

小河溪社区场地更新改造设计方案

原触媒点的挖掘 — 触媒式弹性设计

触媒的塑造 — 触媒保护与持续

触媒效应的持续 — 触媒后续连镇反应的指导

触媒理论在小河溪社区复兴过程中的应用探索

- 选取合适的触媒切入点 — 准备阶段
- 确定社区空间中的触媒载体 — 发生阶段
- 植入触媒要素引发触媒效应 — 控制阶段
- 引导加强触媒效应对周边产生积极影响

小河溪微观调研

- 对社区现状的感受
- 社区人群的主要活动类型
- 社区具有哪些类型的空间和设施会更具吸引力

发现问题 — 对应 — 现有情况 — 触媒看点

对应 — 了解需求 — 潜在触媒因子

对应 — 目的 — 触媒活力载体

实施

小河溪的改造提升

产业策略

多元主体主导运营模式

- 以村民与村集体为主导的"自发自建型"
- 政府推动的"政府主导型"
- 依托外来社会企业建设运营的"委托经营型"
- 多方主体协作的"合作共赢型"

平台搭建　要素保障

政府 — 委托经营 / 优惠政策

村委协调 — 提供劳动力、用地 / 提供就业岗位

村民参与 — 改善村容村貌

国企经营 / 企业经营 / 个体经营 — 运营获利 / 激活社区 / 发展产业 — 促进经济发展 / 夯实基础建设 / 提升村民活力

严格管理 / 土地征收 / 土地补贴 / 服从管理

特色镇区

根据小河溪社区调研结果选择"委托经营型"运营模式

委托经营模式下特色田园乡村建设对策

- 内外联动:完善运营体系，提升造血功能 — 引入培育体系，提升村庄凝聚力 / 建立合作机制，形成利益共同体
- 维持生态:联手村委力量，形成治理合力 — 构建改造规范指引，强化居民意识 / 保留延续田园特色，改善村庄环境
- 多元产业:耦合多方主体，丰富业态类型 — 开展特色民俗活动，提高村庄知名度
- 延续文脉:挖掘文化资源，发挥特色潜力 — 制定特色游学路线，实现文旅融合发展

空间策略

开敞空间激活

⑤ 美馔集市

车保所拆除，保留6栋建筑植入新功能，布置集中停车场与美食集市，形成重新寻味美食节点与未来集散中心。

现状： / 规划：

① 食趣研学广场
以美食为题，结合张家书院与西侧池塘打造美食鉴赏、讲解科普广场。

② 物华天宝美食集市
以美食为引，形成轴线相交的重要开敞空间，东侧进入过渡文化景观区。

③ 行云美食集市
以美食为要，形成东西向联通的重要廊道，邻四官殿等重要游览空间。

④ 盛世欢歌广场
以美食为汇，打造节庆活动主要场地、特色美食节举办地，临近农贸市场集市氛围浓厚。

街巷激活

美食IP / 民俗底蕴 — 业态赋能 — 美食 / 民俗 — 美食节 / 美食街 / 广场 / 书画 / 剪纸 / 庙会

空间赋活

- 打破现状，通过小河溪沿岸公共空间打造，缝合老街与新街割裂的空间。
- 东西向增加老街新街道，增加开敞空间、美食、观景空间的联系。

民俗巡游路线

特色集市 / 雕刻活动 / 杂耍表演 / 剪纸活动 / 节庆表演 / 编织活动 / 打铁花表演 / 剪纸彩灯会 / 水灯祈福 / 舞狮表演

特色集市 / 书画活动 / 杂耍表演 / 美食宵市 / 游街会

—— 日间巡游路线
—— 夜间巡游路线

广场使用场景：

节庆 / 生活

1、可以作为节庆时大型活动举办场地，广场开阔临地，可举办庙会巡游、打铁花、杂耍、文创集市、书画体验等活动。

2、还可作为消防疏散场所。

3、平时可以作为生活服务场所：中心空地农忙时节可用于打谷、作晒场、用于晒玉米等，滨水空间供垂钓、观赏，绿地开敞空间供休闲娱乐、运动健身、露营放松等，实现了公共空间的**在地性、多场景**运用。

▲ 邮政大楼

▲ 滨水空间节点

▲ 邮政大楼人视景观

民宿位置：

1 梯田景观民宿 / 2 条香民宿 / 3 渔趣亲子民宿 / 4 条水小院民宿 / 5 美食民宿

根据不同风貌、活动类型，打造五类独居特色民宿

古街新瞰,小河品馔

湖北省秭昌县小河溪社区乡村规划设计 ④

学校:南京大学　指导老师:罗震东、徐逸伦、孙洁　组员:倪嘉文、梁逸凡、刘相

观景台激活

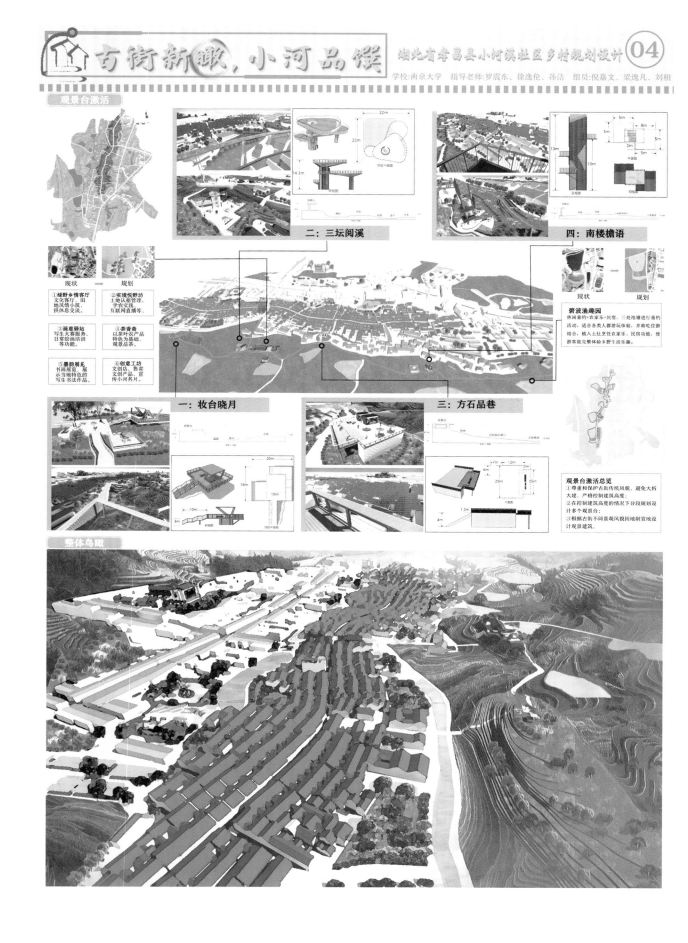

二:三坛阅溪

四:南楼檐语

现状 → 规划

现状 → 规划

①绿野乡情客厅
文化客厅、田地风情小筑,供休息交流。

②实境悦野坊
土地认租管理、学农实践、互联网直播等。

③画意驿站
写生大赛服务、日常绘画培训等功能。

④茶香斋
以茶叶农产品特色为基础,观景品茶。

⑤墨韵展苑
书画展览,展示当地特色的写生书法作品。

⑥创意工坊
文创店,售卖文创产品,宣传小河名片。

碧波渔趣园
休闲垂钓·农家乐·民宿,三处池塘进行垂钓活动,适合各类人群游玩体验,并将吃住游结合,植入土灶烹饪农家乐、民宿功能,使游客能完整体验乡野生活乐趣。

一:妆台晓月

三:方石品巷

观景台激活总览
①尊重和保护古街传统风貌,避免大拆大建,严格控制建筑高度;
②在控制建筑高度的情况下分段规划设计多个观景台;
③根据古街不同景观风貌因地制宜地设计观景建筑。

整体鸟瞰

南京大学

倪嘉文

参与乡村联合毕业设计，我获得了前所未有的深刻体验。这个过程不仅是对我专业知识的检验，更是对我个人能力和社会责任感的一次全面提升。

在项目中，我深入了解了乡村的自然环境、人文历史以及发展需求。通过与村民的交流，我感受到了他们对美好生活的渴望与期待，也更加明白规划工作对乡村发展的重要性。乡村规划不仅仅是图纸上的线条和数据，它关乎着乡村的未来发展和村民的切身利益。在设计中，我时刻提醒自己要保持敏锐的洞察力和负责任的态度，确保每一个决策都能为乡村带来实实在在的好处。同时，我也学会了与团队成员紧密合作，共同面对挑战，解决问题。

我将不断努力，提升自己的专业素养和实践能力，为乡村的可持续发展贡献自己的力量。

梁逸凡

这次经历不仅深化了我对城乡规划专业理论与实践结合的理解，更让我深刻体会到跨校交流的力量。设计风格各异的五所学校共同为小河镇的未来勾勒出一幅既尊重传统又面向未来的蓝图。

通过对小河镇细致入微的现状剖析发现，我们面对的不仅是地理空间上的挑战，更有深植于社区文化、经济结构中的复杂问题。设计过程中，我深刻感受到"触媒理论"作为指导思想的独到之处——它促使我们深入挖掘和激活社区内部的潜在动能，使之成为社区自我生长和持续发展的源泉。

从宏观的区域划分到微观的业态布局，每一个决策都凝聚了团队成员的心血与智慧。特别是"跳出古街眺古街"的设计理念，不仅巧妙解决了古街特色不鲜明的问题，更赋予了小河镇全新的生命力和吸引力，让古老与现代在这里和谐共生。

总之，这次联合毕业设计不仅是一次学术探索，更是一次心灵的触动。它让我看到了规划的力量——能够真正意义上促进地方的繁荣与文化的传承，同时也激发了我对未来职业生涯的无限憧憬与责任感。小河镇的复兴之路亦是我的成长之旅，这段经历将永远镌刻在我心中。

刘相

经过三个月的努力，我的毕业设计终于完成了，但是现在回想起来做毕业设计的整个过程，颇有感想，有苦也有甜，艰辛又充满乐趣。通过本次毕业设计，我发现五校乡村联合毕业设计不仅是对前面所学知识的一种检验，而且是对自己能力的一种提高。

在此，衷心地感谢我的指导老师罗震东教授以及其他老师。当我在毕业设计工作中遇到困难时，是罗老师在引导我，在他的悉心指导下我完成了小河溪社区的观景体系等景观规划设计。老师们在每周的毕业设计联合指导中给出了许多建设性的意见。同时感谢两位组内同学的帮助。我们在毕业设计中通力合作，完成了最终较为完整的规划设计。

五校乡村联合毕业设计对我来说是一次难得的人生体验，与很好的朋友相识也让我受益匪浅。

项山而行，庙水围乡

——湖北省孝昌县项庙村乡村规划设计

华中科技大学

项山而行，庙水围乡

——湖北省孝昌县项庙村乡村规划设计

| 参与学生 | 张 戡　张浩然　李汀洋　熊 洋 |

| 指导老师 | 洪亮平　任绍斌　乔 杰 |

教师解题

2024 年，由华中科技大学承办的五校乡村联合毕业设计选址为武汉市都市圈北部的孝感市孝昌县三个村，一个是孝昌县的国家历史文化名村小河村，一个是京广铁路上位于一个货站旁的陆光村，再就是本组毕业设计选择的项庙村。

五个学校的师生在项庙村做了三天的实地调查，真正了解了大别山区远离中心城镇的一个普通山村的真实状况。山多田少，人口仍然比较密集，由于交通不便，村集体产业十分薄弱。同时，山林资源有限，无法形成种植与加工生产规模，很难成为村民的收入来源。村里年轻劳动力外出打工，老人儿童留守村庄，这便是大别山区大多数普通村庄的真实写照。

千百年来，中国农村生产力的提高及经济社会发展总体上是围绕着人地关系展开的。这么一个远离中心城区的偏僻山村，居然还保留有几处相当不错的民居建筑群以及田园水系。实际上，项庙村的先民来到这个依山傍水的山村，在人口不多的情况下，依靠农耕劳作自给自足，人地关系和谐，生产生活状况良好，溪流码头精致，池塘水系以及建筑场院留住了这一段时光。

乡村是广阔的中国社会的一个人居单元，人口的变化、社会的变迁、经济产业的调整以及政策制度和社会治理的变化，都会给这个小山村带来巨大的影响与冲击。项庙村的自然村湾内既有红色遗址，也有改革开放初期商品经济大门初开时新建的商街，当然更多的是日渐凋零的村庄。人居环境的每一处印记，实际上都是社会变迁的缩影。

五校乡村联合毕业设计的初衷是为校内学生提供一个观察乡村、认识乡村的窗口。因此，本设计的主题定位以及对未来的规划留给同学们去畅想思考。

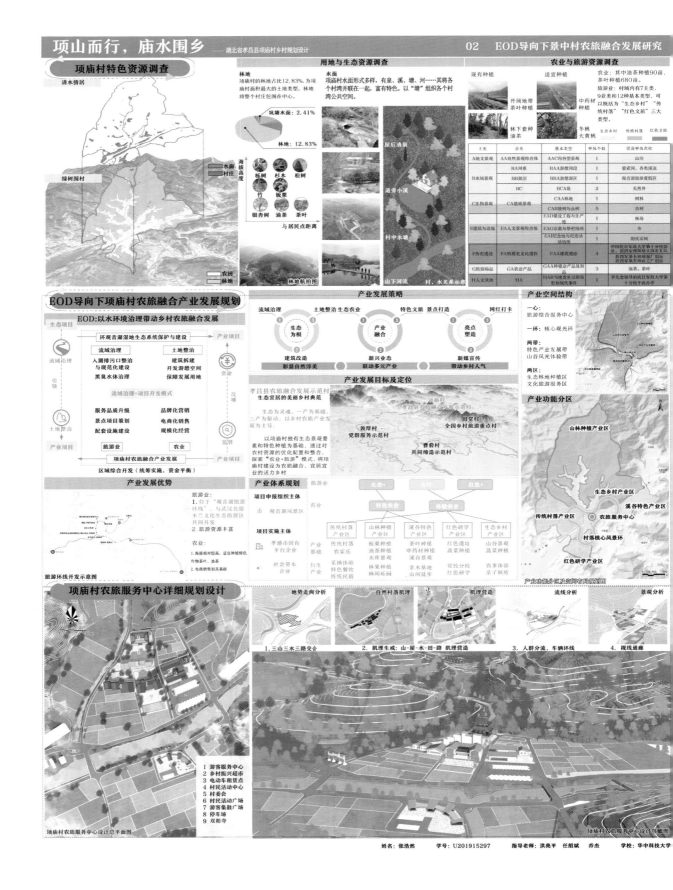

项山而行，庙水围乡 —— 湖北省孝昌县项庙村乡村规划设计

02 EOD导向下景中村农旅融合发展研究

项庙村特色资源调查

清水傍居
绿树园村

用地与生态资源调查

林地
项庙村的林地占比12.83%，为项庙村面积最的土地类型。林地将整个村庄包围在中心。

坑塘水面：2.41%
林地：12.83%

栎树　杉木　松树
竹　板栗
银杏树　油茶　茶叶

与居民点距离

水面
项庙村水面形式多样，有泉、溪、塘、河……其将各个村湾并联在一起，富有特色。以"塘"组织各个村湾公共空间。

屋后清泉
道务小溪
村中水塘
山下河流

林地航拍图
村、水关系示意图

农业与旅游资源调查

现易种植　适宜种植
开阔地带茶叶种植
中药材种植
林下套种油茶
冬桃　大黄桃

农业：其中油茶种植90亩，茶叶种植680亩。
旅游业：村域内有7大类，9亚类和12基本类型，可以概括为"生态乡村""传统村落""红色文旅"三大类型。

生态乡村　传统村落　红色文旅

EOD导向下项庙村农旅融合产业发展规划

EOD:以水环境治理带动乡村农旅融合发展

生态项目 → 流域治理 → 土地整治 → 产业项目

环观音湖湿地生态系统保护与建设

流域治理
入湖排污口整治与规范化建设
黑臭水体治理

土地整治
建筑拆建
开发游憩空间
保障发展用地

流域治理+项目开发模式

服务品质升级　品牌化营销
景点项目策划　电商化销售
配套设施建设　规模化经营

旅游业　农业

项庙村农旅融合产业发展

区域综合开发（统筹实施，资金平衡）

产业发展优势

旅游业：
1.位于"观音湖旅游环线"，与武汉江北郊木兰文化生态旅游区共同开发。
2.旅游资源丰富

旅游环线开发示意图

农业：
1.海拔相对较高，适宜种植特色作物茶、油茶。
2.电商销售初具基础。

产业发展策略

流域治理　土地整治生态农业　特色文旅　景点打造　网红打卡

生态为根　产业融合　亮点塑造
建筑改造　新兴业态　新媒宣传
彰显自然淳美　联动多元产业　带动乡村人气

产业发展目标及定位

孝昌县农旅融合发展示范村
生态宜居的美丽乡村典范

生态是灵魂，一产为基础，三产为驱动，以乡村农旅产业发展为主导。

以项庙村独有生态景观要素和特色种植为基础，通过对农村资源的优化配置和整合，探索"农业+旅游"模式，将项庙村建设为农旅融合、宜居宜业的活力乡村。

教厚村 党群服务示范村
田堂村 全国乡村旅游重点村
曹砦村 共同缔造示范村

产业体系规划

生态+　古村+　红色+
特色农业　体验农业

传统村落产业区　山林种植产业区　溪谷特色产业区　红色研学产业区　生态乡村产业区

板栗种植　茶叶种植　红色遗址　山谷景观
油茶种植　水库景观　溪谷景观　蔬菜种植
溪谷林园　红色研学　山间徒步

采摘体验　党校分校　农事体验
特色餐饮　红色研学　亲子厨房
林间乐园

产业空间结构

一心：
旅游综合服务中心

一环：核心观光环

两带：
特色产业发展带
山谷风光体验带

两区：
生态林地种植区
文化旅游服务区

产业功能分区

山林种植产业区
生态乡村产业区
溪谷特色产业区
传统村落产业区
农旅服务中心
村落核心风景环
红色研学产业区

产业功能分区与空间布局规划图

项庙村农旅服务中心详细规划设计

项庙村农旅服务中心设计总平面图

1 游客服务中心
2 乡村振兴超市
3 电动车租赁点
4 村民活动中心
5 村委会
6 村民活动广场
7 游客集散广场
8 停车场
9 双柏寺

地势走向分析
1.三山三水三路交会

自然村落肌理
2.肌理生成：山-屋-水-田 肌理营造

肌理营造
3.人群分流，车辆环线

流线分析

景观分析
4.视线通廊

项庙村农旅服务中心设计鸟瞰图

姓名：张浩然　　学号：U201915297　　指导老师：洪亮平 任绍斌 乔杰　　学校：华中科技大学

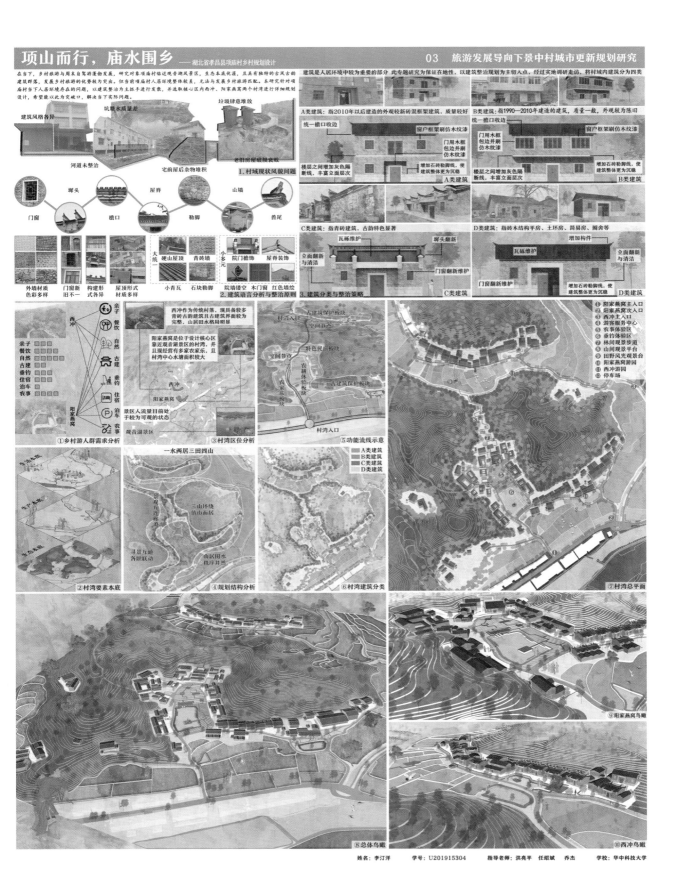

项山而行，庙水围乡 ——湖北省孝昌县项庙村乡村规划设计

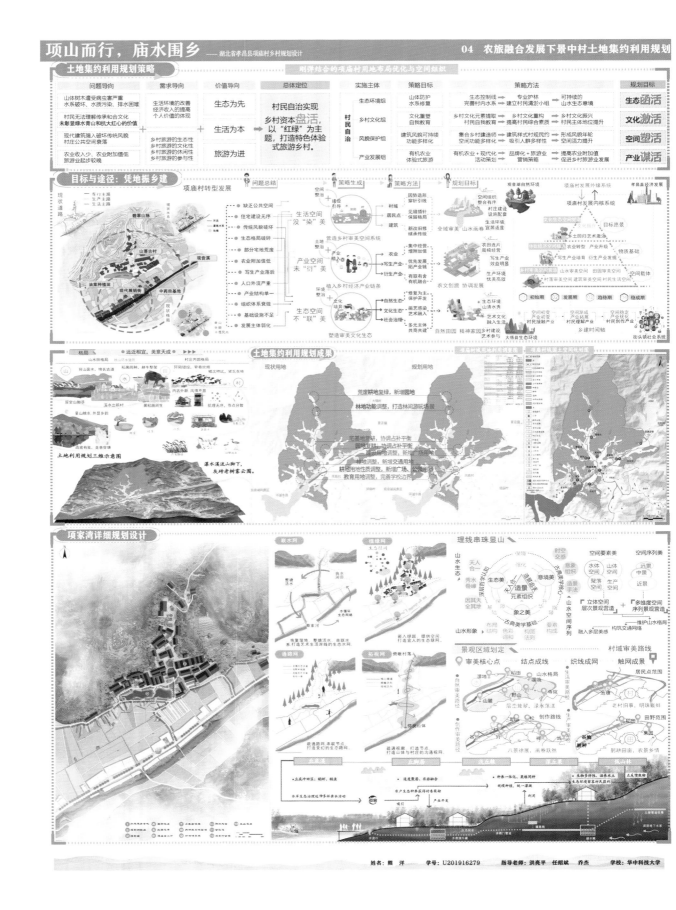

土地集约利用规划策略

刚弹结合的项庙村用地布局优化与空间组织

问题导向	需求导向	价值导向	总体定位	实施主体	策略目标	策略方法	规划目标
山体林木遭受病虫害严重水系破坏、水质污染、排水困难	生活环境的改善经济收入的提高个人价值的体现	生态为先	村民自治实现乡村资本盘活，以"红绿"为主题，打造特色体验式旅游乡村。	生态环境组	山体防护水系修复	生态控制线完善管理内水系	专业护林建立村民清渣小组	可持续的山水生态意境	生态函活
村民无法理解传承和合文化未能彰显绿水青山和坑大红儿的价值	乡村旅游的生态性乡村旅游的文化性	生活为本		乡村文化组	文化重塑自我教育	乡村文化元素提取村民自我教育	乡村文化重构提高村民综合素质	乡村文化振兴村民主体地位提升	文化激活
现代建筑强入破坏传统风貌村庄公共空间衰落	乡村旅游的休闲性乡村旅游的参与性	旅游为进		风貌保护组	建筑风貌可持续功能多样化	建筑样式村观民约集合乡村建造例功能多样化	建筑样式村观民约吸引人群多样性	形成风貌年轮空间活力提升	空间塑活
农业收入少，农业附加值低旅游业起步较晚				产业发展组	有机农业	有机农业 + 现代化体验式旅游	品牌化 + 旅游业营销策略	提高农业附加值促进乡村旅游业发展	产业谋活

目标与途径：凭地振乡建

项庙村转型发展

- 缺乏公共空间
- 住宅建设无序
- 传统风貌破坏
- 生态格局破碎
- 部分宅地荒废
- 农业附加值低
- 写产业落后
- 人口外流严重
- 产业结构单一
- 组织体系衰弱
- 基础设施不足
- 发展主体弱化

土地集约利用规划成果

项庙村城用地利用调整图

项庙村域国土空间规划图

现状用地

规划用地

荒废耕地复绿，新增园地

林地功能调整，打造林间游乐场景

宅基地复绿，协调占补平衡

土地利用规划三维示意图

项家湾详细规划设计

理线串珠显山

景观区域划定

村域审美路线

姓名：熊洋   学号：U201916279   指导老师：洪亮平 任绍斌 乔杰   学校：华中科技大学

华中科技大学

张浩然

项山而行，庙水围乡。本次五校乡村联合毕业设计，我们去到了一个生态平衡且兼具红色文化、文化精神和传统风貌的美丽村庄，在老师的指导下，以 EOD 导向为背景，对村庄农旅融合发展提出规划。

此次联合毕业设计正值五校乡村联合毕业设计十周年，在当前大环境整体下行、传统城乡规划逐渐衰落的背景下，很感动能够看到老师和同学对乡村的热爱以及对规划行业的坚守，我们能够看到各校同学做出的改变，以及各校老师教学上的改变。希望新的十年，各校同学能在老师的带领下，用更加实际、贴合时代的方式，为乡村振兴作出贡献，也祝愿我在这次毕业设计中认识的朋友们前程似锦，都能够实现自己的理想！

张戬

毕业设计具有一种象征意义，为我们提供了一个将五年所学运用到实际中，为地方高质量发展和乡村振兴作出贡献的机会，用较为正式的方式为本科生涯画上句号。感谢各个学校的师生朋友，我们互相学习，度过了难忘的时光，这些都将是我宝贵的记忆。祝愿大家万事顺意，前程似锦。

李汀洋

时间如白驹过隙，在孝昌县项庙村调研的日子仿佛就在昨天，来自天南海北的师生携手踏进美丽乡村，通过切实互动发现了不同的问题，产生了不同的思考。经过前、中、后三阶段的交流，这些想法实现了各种碰撞与交织，拓宽眼界的同时也使我对乡村产生了新的认识。感谢洪老师在毕业设计期间的悉心指导，感谢队友们的鼓励。今后我将携着对乡村的热情、对规划行业的激情投身于工作之中。

熊洋

大学四年的时光如白驹过隙。如今，我即将告别校园，迎来人生新的篇章。在孝昌县项庙村进行的毕业设计为我的大学生活画上了一个圆满的句号，同时也成为我人生中一段难以忘怀的宝贵经历。在此，我要衷心感谢我的导师。他的悉心指导和耐心解答让我在毕业设计的每一个环节都受益匪浅。从选题到方案的制定，再到最终报告的撰写，导师的专业知识和丰富经验给了我莫大的帮助和启示。每一次的讨论和修改，都让我在专业领域有了更深的理解和更大的提升。此外，我要特别感谢孝昌县项庙村的村民们。尽管我们素不相识，他们却以无比热情的态度接待了我。他们在调研时积极配合，并无私提供宝贵的第一手资料，这些都让我深受感动。在与他们的交流中，我不仅了解了当地的风土人情和生活状况，更看到了他们对美好生活的向往和对乡村振兴的期盼。这些宝贵的经历和感受成为我设计方案中不可或缺的部分。这段时间的实地调研和设计实践让我深刻体会到理论联系实际的重要性。通过亲身参与基层的实际工作，我不仅巩固了所学的专业知识，还学会了如何在实际环境中灵活运用这些知识。这次毕业设计不仅提升了我的专业技能，也让我对未来的职业方向有了更清晰的认识。同时，我要感谢我的家人和朋友。在我面对困难和挑战时，他们给予我无尽的支持和鼓励，是他们让我有了坚持下去的动力和勇气。没有他们的陪伴和帮助，我无法顺利完成这项艰巨的任务。这次毕业设计不仅是我大学学业的总结，更是我人生新的起点。带着在孝昌县项庙村的所见所闻和所学所得，我将继续前行，努力实现自己的梦想，为社会的发展贡献自己的绵薄之力。

茶香湖光韵古村，红星山色振项庙

——湖北省孝昌县项庙村乡村规划设计

昆明理工大学　　　Kunming University of Science and Technology

茶香湖光韵古村，红星山色振项庙　　——湖北省孝昌县项庙村乡村规划设计

参与学生　　任骊阳　李思晨　李 元　刘俊滇

指导老师　　杨 毅　徐 皓　李昱午　杨 胜

教师解题

千年昌隆里，人文荟萃乡。2024 年，五校乡村联合毕业设计回到了最初的起点湖北省，走进了蕴含深厚红色文化、被列入第二批中国传统村落名录的孝感市孝昌县项庙村。

观音湖水库群山连绵、溪水环绕、钟灵毓秀、气候宜人，是一处"玉笼青纱人未识"的山水宝地。其过去曾为这个村子带来过发展的星星火光，但后期在多种因素的共同作用下火光渐渐黯淡。如今，借着丹江口水库作为新的水源地这一契机，观音湖水库将为这一片期望发展的土地，带来新的活力之源。在统筹项庙村现有的自然景观资源、红色文化资源、传统民居资源的基础上，面对项庙村自身存在的现状问题，比如村内基础设施较差、古民居建筑保护措施不完善导致传统建筑因未时常维护而倒塌、村内空心化严重、村子经济发展相对落后且没有自身的品牌等问题，我们进行了一些思考推敲。

乡村振兴不仅仅是改善乡村现有的人居环境，更是通过文化振兴的方式，立住一个村子的村魂。针对以上现状问题，本设计小组提出了以下六条整体规划策略：① 以"红"带"绿"，赋能乡村振兴新发展；②发掘活化红色精神，继承再现党建荣光；③ 同步提升生态"含金量"和发展"含绿量"；④ 以用促保谋发展，古村古韵振乡村；⑤ 党建引领绿色发展，乡贤助力和美乡村；⑥研学红利长持续，实践教育新常态。在确定以上策略的基础上，我们在设计过程中不断自问"我们可以做些什么？""村民们的需求到底是什么？我们怎样通过设计去解决村民们的需求？"最终制定了从项庙村的红色文化、乡贤文化、自然景观、古村古民居资源出发，综合打造依托观音湖上游良好的自然景观资源，集红色党建教育基地、古建民居展示门户、生态茶体验园区于一体的以"红"带"绿"示范村展望蓝图。

最后，本设计小组重新思考构建了红色文化和自然景观资源的关系，基于以"红"带"绿"的乡村振兴展望策略，试图构建"红色文化"+"绿色景观"模式下的人居环境框架，并且从"红色文化"+"乡贤文化"的角度为项庙村文化振兴与和美乡村规划设计提供了新的可能。

2024 本科毕业设计

昆明理工大学 建筑与城市规划学院

学生姓名：任骊阳 李思晨 李元 刘倓溟

指导教师：杨毅 徐皓 李昱午 杨胜

区位分析

地理区位

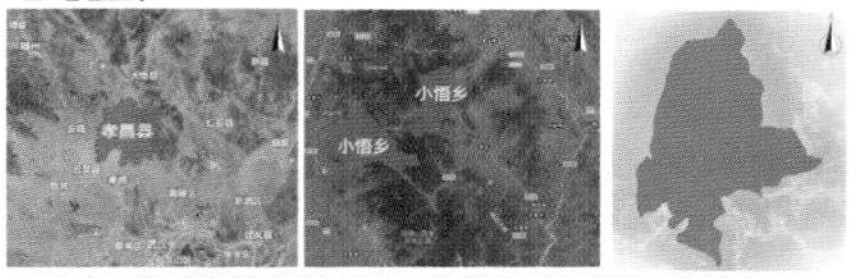

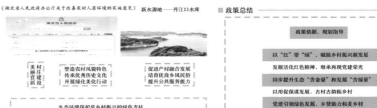

项庙村位于湖北省孝感市孝昌县小悟乡，东临武汉市，位于大别山生态屏障内

交通分析

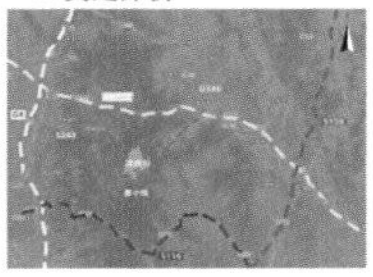

项庙村周围有 G4、G346、G4213三条国道，

S243、S116、S108三条省级道路

县道夏小线（X064）自西南至东北贯穿项庙村并连通了S116和G4213、G346

上位规划

主体功能定位

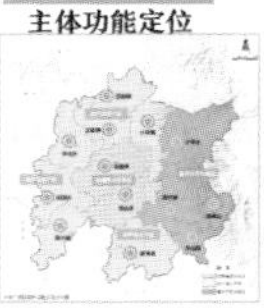

从功能定位上看，小悟乡片区位于重点生态功能区，应重视生态环境保护。

总体格局规划

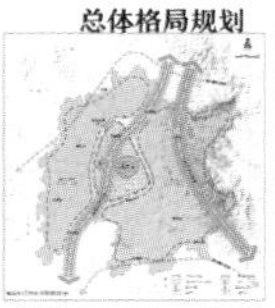

小悟乡与观音湖、双峰山等共同组成大别山生态屏障，是孝昌县东部的生态共建区。

旅游结构规划

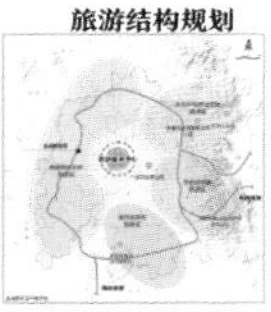

在旅游结构中，小悟乡位于东北部观音湖文旅区，应结合观音湖、大悟乡打造集群优势。

政策解读

红色资源保护政策背景

《湖北省人民政府关于新时代支持革命老区振兴发展的实施意见》
《国务院关于大别山革命老区振兴发展规划的批复》
《湖北省人民政府关于加快推进湖北大别山革命老区振兴发展的实施意见》

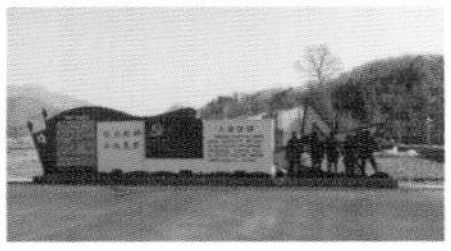

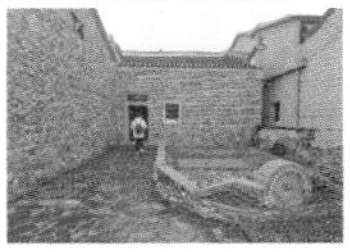

总目标 打造大别山核心红色旅游品牌，建设红色生态文化旅游景区
总方针 利用文化遗迹发展产业，推进乡村旅游产业扶贫
总要求 提炼红色文化精髓，发挥教育和示范作用，鼓励社会力量参与，打造产业园区

保护条例
不得擅自改变国有革命遗迹用途
不得加建、改建、损毁、拆除革命遗址遗迹及其所依存的建筑物构筑物和设施
不得改变其结构、外观
不得移动、损毁、拆除、刻划、涂抹保护和纪念标志

政策总结：精髓提取 打造红色品牌；发挥红色资源教育和示范作用；产业带动；保护为主

古村落保护政策背景

《湖北省人民政府办公厅关于印发湖北省"擦亮小城镇"建设美丽城镇三年行动实施方案(2020—2022年)的通知》
《恩施土家族苗族自治州传统村落和民族村寨保护条例》

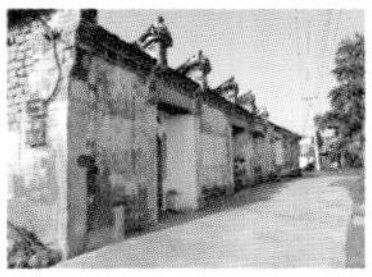

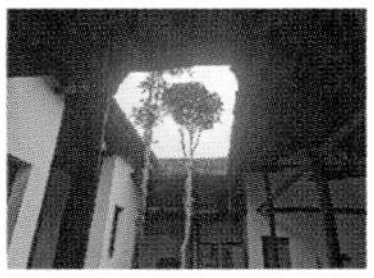

总目标 保护并利用好传统村落资源，激发传统村落活力
总方针 开发乡村旅游、乡村民宿等特色产业，设立特色示范基地，加强基础设施建设
总要求 因地制宜，实施利用发展项目，推进现代农业、文化旅游等绿色产业发展

保护条例
应当保存好现有自然景观环境，不得影响控制地带、核心保护区轮廓线和主要视线通廊
除保护和利用规划所确定的基础设施和公共服务设施外不得擅自新、改、扩建建(构)筑物，可以进行内部改造完善生活功能但不得破坏村落整体风貌
应当整体保护，保持传统格局、历史风貌和空间尺度

政策总结：活化利用传统资源；整体保护 风貌协调；特色民宿和示范基地；完善现代生活功能

研学教育政策背景

发展元年
自2016年教育部等11部门联合发布《关于推进中小学生研学旅行的意见》后，研学市场高速发展。

疫情时代
疫情影响下，研学企业的坚守、创新、进场、离场同时发生。

出行距离缩短；组团变小 → 专注本地研学 周边研学

2017年至2018年，湖北省先后发布了诸多关于中小学生研学的实施意见与指导政策。
疫情过后，继续出台政策支持。2022年8月，湖北省文化和旅游厅发文《关于深入开展研学旅游的通知》。
湖北省中小学生人数为：585.22万人。
2023年7月，湖北省启动"暑期第一课"研学旅行活动，拉开全省暑期研学旅行序幕。
截至2024年3月，春季亲子研学产品销量环比增长3.2倍。湖北省多个景区迎来春季研学游小高峰。
3月15日以来，多所中小学近2000名学生，先后来到荆门爱飞客极客公园开展春季研学旅行活动；3月19日，竹山县300名学子在武当山快乐谷开展研学活动。

研学市场庞大，研学实践教育成新常态

从国家层面看，更多部门关注并支持研学旅行，更高层次的政策不断出台；从省级层面看，研学旅行、劳动实践等成为各地文旅、教育等领域落实"十四五"规划的重要内容。

生态环境政策

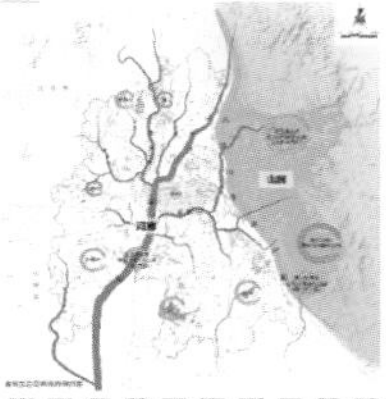

县域生态空间格局规划

维育山清水秀的生态空间，构建"大山东踞，一山卧两园；澴河贯流，九水汇澴川"的生态保护格局。
生态空间"山清水秀"；农业空间"疏落有致"；城镇空间"集约高效"。

《湖北省人民政府办公厅关于改善农村人居环境的实施意见》 新水源地——丹江口水库

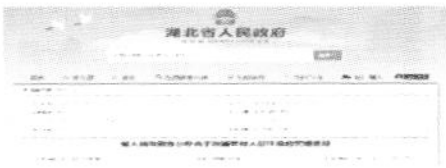

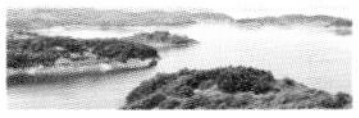

美丽宜居 村庄建设

塑造农村风貌特色
传承优秀历史文化
开展绿化美化行动

促进产村融合发展
培育优良乡风民俗
提升公共服务能力

生态环境保护是乡村振兴的绿色支柱

良好的生态环境是农村最大优势和宝贵财富，农村生态环境好了，土地上就会长出"金元宝"，生态就会变成"摇钱树"，田园风光、湖光山色、秀美乡村就可以成为"聚宝盆"，生态农业、森林康养、乡村旅游等就会红火起来，既拓宽绿水青山转化金山银山的路径，又实现生态"含金量"和发展"含绿量"同步提升。

政策总结

政策依据，规划指导

以"红"带"绿"，赋能乡村振兴新发展
发掘活化红色精神，继承再现党建荣光

同步提升生态"含金量"和发展"含绿量"
以用促保谋发展，古村古韵振乡村

党建引领绿色发展，乡贤助力和美乡村
研学红利长持续，实践教育新常态

文化背景

历史沿革

· 1984年取消公社体制后，三个大队分家后称项庙村民委员会，属县级孝感市小悟区大悟乡
· 1989年向阳村分出，属县级孝感市小悟乡
· 2018年合村调整，合并到项庙村村委会

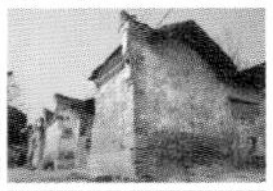

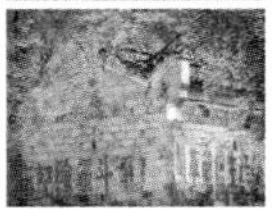

· 明属孝感县白云乡
· 清光绪年（1883）属孝感小河分县白云乡大公会
· 民国时期（1946）属孝感县大公乡
· 1949年属孝感县小河区大悟联村（乡）
· 1953年属孝感县第七区（小河）大悟乡
· 1958年称五大队，属孝感县小河公社大悟管理区
· 1975年撤区并社，与会亭大队、汤砦大队合并，称孝感县大悟公社团结大队

民俗活动

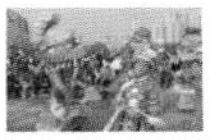

这是一种模拟水中行船的民间舞蹈。"旱船"是依照船的外观形状制成的木架子

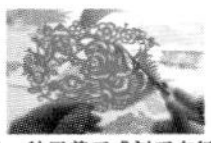

剪纸是一种用剪刀或刻刀在纸上剪刻花纹，用于民俗活动的民间艺术

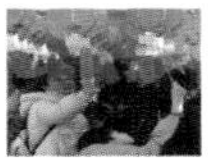

猜灯谜，又称打灯谜，是中国独有的富有民族风格的一种汉族民俗文娱活动形式

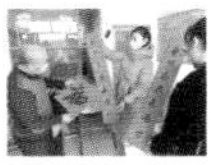

通过送春联的方式，可以传递新春祝福，营造喜庆、祥和的节日氛围

非物质文化

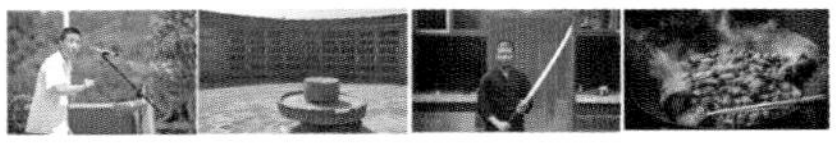

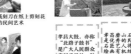

孝昌大鼓，亦称"北路子鼓书"，是广大人民群众喜闻乐见的一种说唱艺术。

孝昌磨山石作技艺是优秀的民间艺术，石匠艺人将雕刻与绘画有机结合，用娴熟的技艺，用一块块顽石剥落出一件件石磨、石槽、门楣、石像等。

上图为孙建军及其作品"吹毛利刃"。在冷兵器时代，冷兵器起着推动时代发展的作用。

红烧肉在孝昌家喻户晓，来孝昌的游客都会点上一份香喷喷的红烧肉，吃上一口回味无穷。2015年，花园红烧肉被列入孝感市第四批市级非物质文化遗产保护名录。

现状分析

场地范围

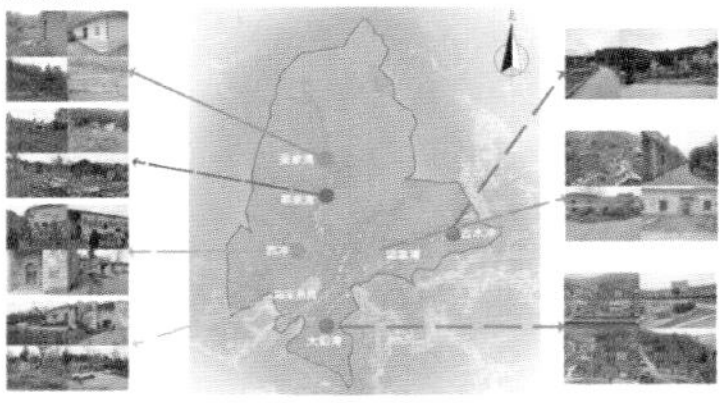

项庙村包含吴家湾、蔡家湾、西冲、阳家燕窝、大阳湾、项家湾、古木冲七个湾。南北最长约3.8km，东西最长约2.8km，全村总面积约4.1km²。

用地情况

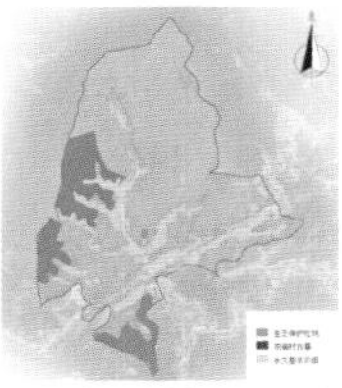

用地类型主要为生态保护红线、永久基本农田及古墓。

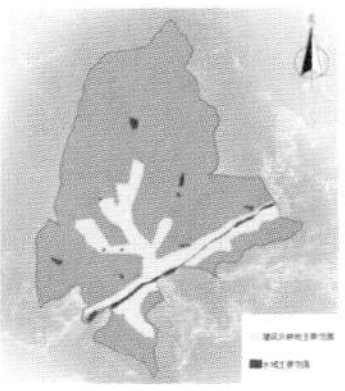

全村主要为林地，建筑用地及耕地主要分布于中部和南部。

产业现状

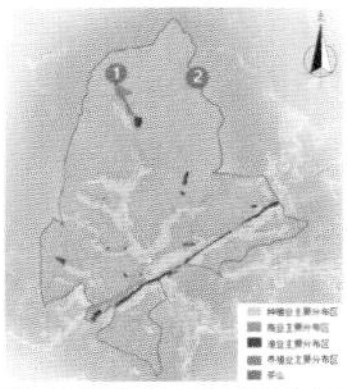

该村以种植业为主，活动范围分布较广。商业活动主要集中在入村新街部分，以零售和餐饮为主，规模较小。

景观现状

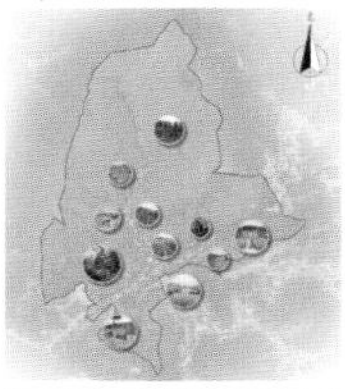

项庙村村域内，丘陵密布，有山体、水域河流、农田、茶山、山林步道、凉亭、古树名木等景观资源。

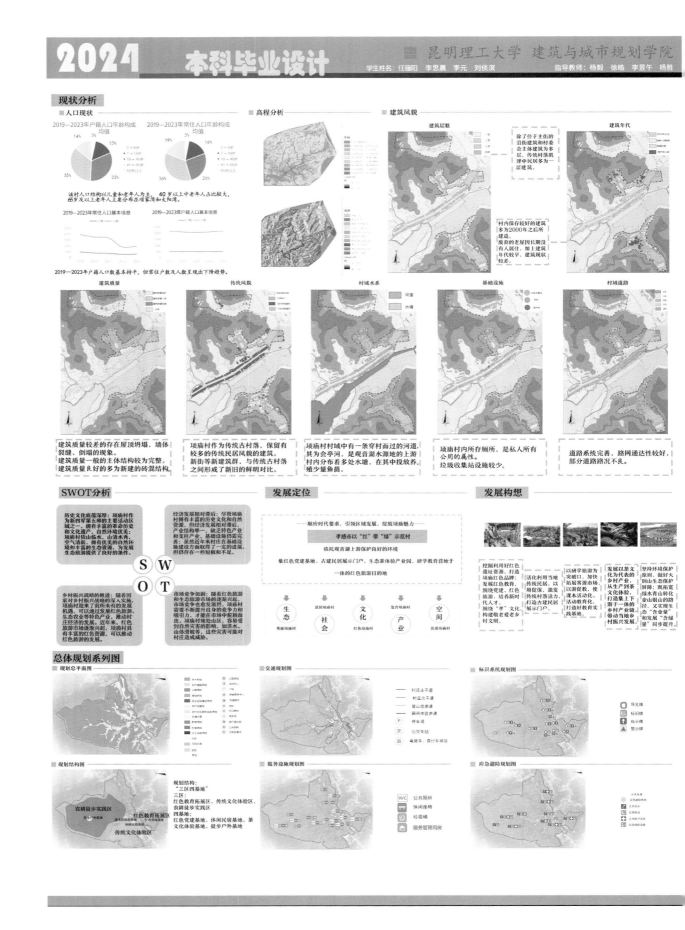

2024 本科毕业设计

学生姓名：任骊阳　李思晨　李元　刘俊溟　　　指导教师：杨毅　徐皓　李昱午　杨胜　　昆明理工大学　建筑与城市规划学院

■ 景观红田平面图

设计语言
场地东西涵盖长，以茶和油菜为主要农作物，辅之以十景来展示农田的更多可能性，设计时要考虑如何在田间满足现代人休闲的需求，同时联系红色文化，加深设计内涵。

景观游线图　　　　　景观资源图

农田灌溉分析图　　　农田植被分析图

用地类型分析图　　　种植类型分析图

■ 生态茶园平面图

设计语言
茶园的路网呈环形，其中以九景点缀增加游园的观赏性以及趣味性，场地中央是一个开放式的建筑，形成一个可以休息品茶、了解茶文化的区域，游客可以进入茶园跟茶农一起感受采茶制茶的过程，具有研学意义。

景观游线图　　　　　景观资源图

农田灌溉分析图　　　农田植被分析图

用地类型分析图　　　种植类型分析图

■ 驳岸设计

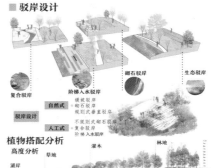

砌石驳岸　　生态驳岸

复合驳岸　　阶梯入水驳岸

自然式　横坡驳岸　砌石驳岸　规则式垂直驳岸

驳岸设计

人工式　不规则式砌石驳岸　复合驳岸　阶梯入水驳岸

植物搭配分析

高度分析

湖岸　草地　灌木　林地

种类分析

植物搭配方面采用常绿加少量落叶，可在四季观赏到不同景色，夏天可遮阴，冬天可沐浴阳光。色彩方面以绿色为主，少量红枫等作为点缀。搭配灌木使景观更有层次。

榕树　花叶假连翘　红背桂　红花檵木　秋枫　红枫
　羊蹄甲　桂花　香樟　黄花槐　苏铁　满天星

■ 山林步道平面图

■ 滨水景观平面图

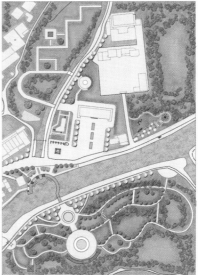

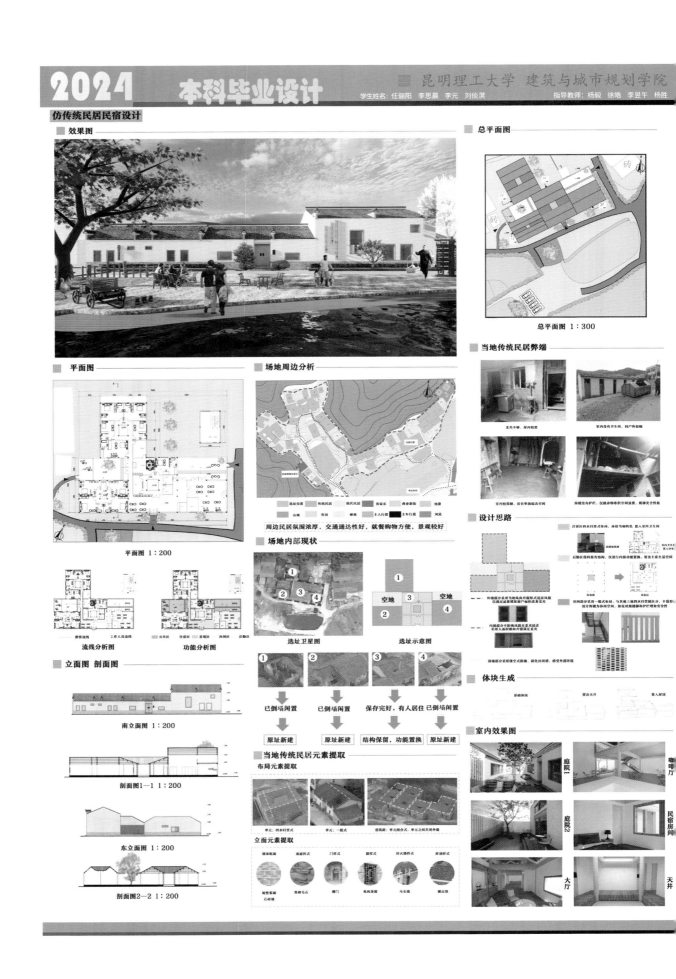

2024 本科毕业设计

昆明理工大学 建筑与城市规划学院

学生姓名：任骊阳 李思晨 李元 刘俊滨　指导教师：杨毅 徐皓 李昱午 杨胜

仿传统民居民宿设计

效果图

总平面图

总平面图 1:300

平面图

场地周边分析

周边民居氛围浓厚，交通通达性好，就餐购物方便，景观较好

平面图 1:200

流线分析图　功能分析图

场地内部现状

选址卫星图　选址示意图

已倒墙闲置　已倒墙闲置　保存完好，有人居住　已倒墙闲置

原址新建　原址新建　结构保留，功能置换　原址新建

当地传统民居弊端

设计思路

体块生成

室内效果图

立面图 剖面图

南立面图 1:200

剖面图1—1 1:200

东立面图 1:200

剖面图2—2 1:200

当地传统民居元素提取

布局元素提取

立面元素提取

2024 本科毕业设计

昆明理工大学　建筑与城市规划学院

学生姓名：任骊阳　李思晨　李元　刘侠溟　　　指导教师：杨毅　徐皓　李昱午　杨胜

爱心食堂改造设计

■ 效果图

■ 总平面图

总平面图 1：200

■ 平面图

平面图 1：150

■ 场地周边分析

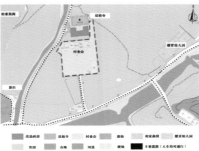

■ 改造依据来源

2019～2023年常住人口年龄构成均值

项庙村常住老年人口数量较多，青壮年流失严重，养老问题严峻
该村位于孝感市孝昌县，村中受孝文化影响大，可发动乡贤出资建立食堂

爱心食堂选址建议调查　　爱心食堂设立意愿调查

"村委会这里原本是有设置食堂和儿童活动室的，只是后来闲置了" ——项庙村干部

经走访调查确立了爱心食堂的位置，村中地大部分居民区位于选址直径15分钟步行范围内，在村湾之间或村湾中段也设置了爱心餐食投放点。

选址辐射范围及送餐点

■ 改造砖房现状

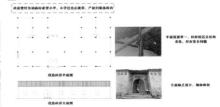

改造砖房现状

改造砖房平面图

改造砖房立面图

■ 改造思路

结构改造部分

平面改造部分

立面改造部分

砖墙北部古建筑　　砖房南部现代建筑　　当地传统民居砖面　　经典马头墙

现状立面图

改造后立面图

屋顶部分
适当开天窗以增加采光
加设马头墙体现特色

窗户部分
根据改造后功能大面积开窗
增加采光和装饰

门部分
拓宽门尺寸以便于疏散和美观

■ 室内效果图

儿童阅读室　就餐区　管理办公室　庭院

■ 立面图 剖面图

功能分区图　　　交通流线图

西立面图 1：150

剖面图1—1 1：150

南立面图 1：150

剖面图2—2 1：150

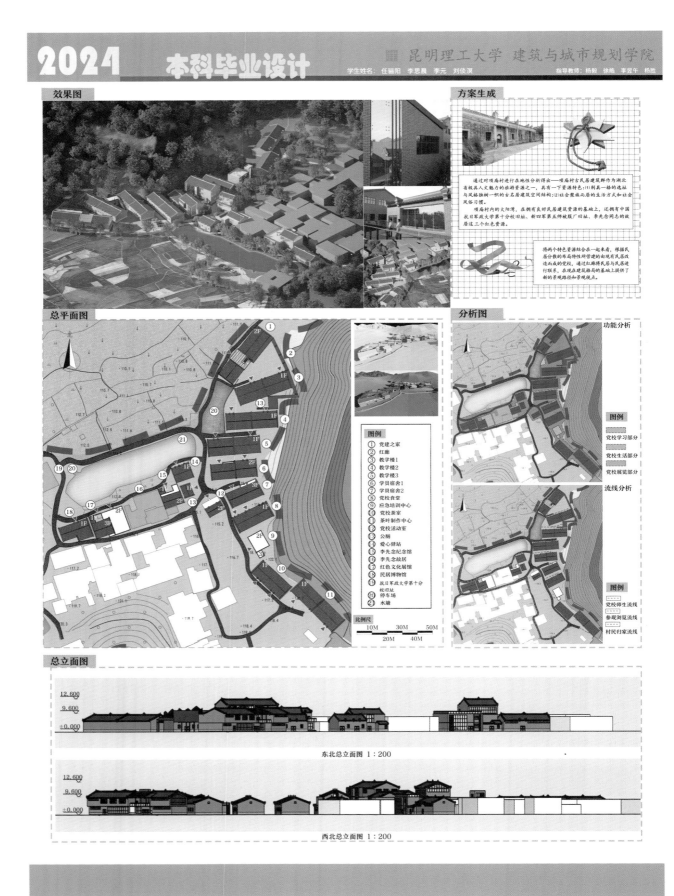

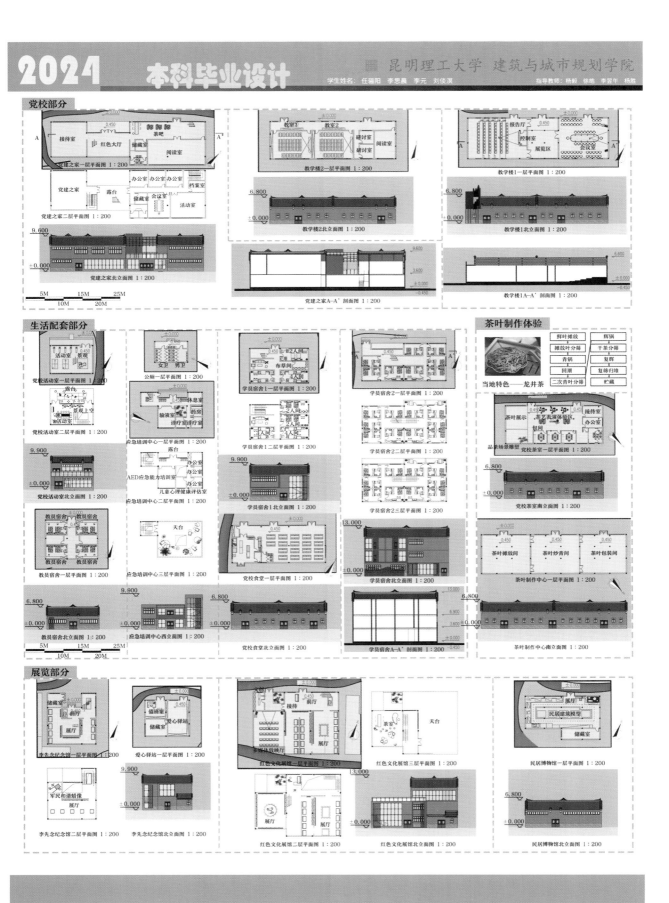

昆明理工大学

任骊阳

　　非常高兴参与本次五校乡村联合毕业设计，这对于我来说是一个走进乡村、了解乡村现状并为之出谋划策的非常宝贵的机会。

　　三月初，我们和其他四所学校的师生一起前往孝昌县项庙村进行实地调研，参与了报告会。我们从中了解到项庙村蕴含深厚的红色文化底色，拥有颇具特色的传统民居风貌。在与村干部和村民的交流中，我们了解到项庙村的困境，同时在调研过程中我们不断发掘独属于项庙村的潜力点。愿我们最后的整体规划设想与细部设计可以为项庙村未来的发展提供参考。

　　在整个设计的过程中，非常感谢各校老师们对我们方案的指导，各校老师不同的关注点使得我们的方案在整体的构思上更加完善。人生能有几个十年，作为第十年的2024年既是对过往十年乡村规划设计的延续，也是开启下一个十年的起点。年华似水，十年付春夏秋冬；日月如梭，辉煌如不夜长虹。

李思晨

　　很开心也很荣幸能够参加本次联合毕业设计。在本次联合毕业设计中，我认识了很多人，也从不同学校的老师和同学身上学会了对待同一个课题从不同的角度去思考，受益匪浅。也很开心能够深入湖北省项庙村，有机会看到和感受到了不同于云南的乡村风貌和风土人情，有机会运用自己五年的学习经验为乡村做设计，并在此过程中不断发现并改进自己的不足。毕业设计还有很多不完美的地方，但为我个人了解乡村、改造乡村提供了非常宝贵的经验，我也希望可以为项庙村的发展提供思路。

　　最后非常感谢所有老师对我的指导，感谢组员的配合与支持，祝五校乡村联合毕业设计联盟在下一个十年再创辉煌。

李元

本次五校乡村联合毕业设计是我大学生活中一段难忘的经历。这次毕业设计不仅让我有机会将所学的理论知识与实际操作相结合，更让我深刻体会到了团队合作的重要性。

团队中的每个人都有自己的观点和想法，但只有通过充分的沟通和交流，才能找到最佳的解决方案。同时，我也学会了尊重他人的意见，虚心向他人学习。这种团队合作精神不仅让我在项目中受益匪浅，也将对我未来的职业生涯产生深远的影响。

刘偒溟

感谢五校乡村联合毕业设计给了我这次走进乡村的机会，使我感受到了湖北的魅力，并与其他学校的同学进行了交流，受益匪浅。

这次毕业设计让我更深入地了解了乡村规划，学会了从景观的角度思考乡村的发展，并见识到了很多不一样的风景。真正走进乡村，了解当地居民的生活与诉求，倾听乡村茶产、建筑背后的故事，为我做设计提供了新的视角。这次规划设计中，我们与众多小伙伴共同集思广益，虽然仍有很多不足，但我们真诚地希望能为项庙村的发展尽一份力，让乡村发展得更加美好。

最后，感谢村委会与五校老师的悉心指导，以乡村设计为我的本科生涯画上完美的句号。

星火项庙，生机无限

—— 湖北省孝昌县项庙村乡村规划设计

西安建筑科技大学

Xi'an University of Architecture and Technology

星火项庙，生机无限

——湖北省孝昌县项庙村乡村规划设计

参与学生　姚祎琪　焦雪洁　常君锴　何昊阳　芦靖豫　张宇辰

指导老师　段德罡　李立敏　谢留莎

教师解题

　　项庙村位于湖北省孝昌县的东北部，被列入第二批中国传统村落名录。项庙村见证了先民在此治山理水、营建村落，见证了移民时期外乡人的悲欢离合，也见证了中国近现代历史的光辉篇章。总书记指出，要保护传统村落，也要利用好传统村落。站在乡村振兴的新起点上，以何种态度对待项庙村，在何种程度上利用项庙村，是设计者必须要面对的问题。本次五校乡村联合毕业设计中，同学们需要探索传统村落保护与发展的矛盾，并为项庙村寻找继往开来的契机。项庙村的发展关系到当地的文化传承和当地居民的未来发展，本设计也是对我国传统村落利用策略的一次具体尝试。

　　传统村落是一个生命体，不仅活在过去，也活在当下和未来。面对项庙村这样一个充满挑战与机遇的课题，希望同学们在这次设计中解决以下两个问题：如何在保护和利用项庙村丰富的历史文化资源的同时，推动乡村的全面发展，实现文化振兴与共同缔造的目标？如何在尊重历史、保护传统村落的基础上，顺应时代发展，探索创新的发展路径？

　　希望同学们能够从生态、传统、产业、空间等多角度出发，在探讨如何保护传统村落的同时，优化乡村空间布局，提升基础设施建设水平和公共服务水平，发展特色文化产业，增强乡村内生发展动力，构建生态宜居、文化繁荣、经济可持续的和美乡村。通过本次毕业设计，我们期望为项庙村的活化发展提供切实可行的策略和方案，并将其总结成类似传统村落的一种策略范式，为保护好、利用好传统村落，实现乡村全面振兴贡献智慧和力量。

2024 星火项庙 生机无限

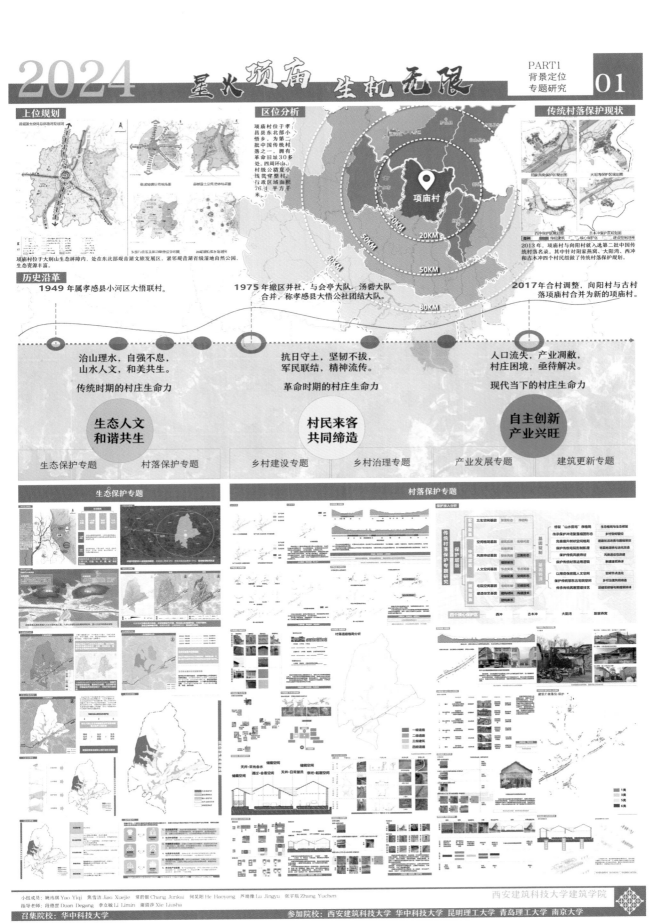

上位规划

区位分析

项庙村位于孝昌县东北部小悟乡，为第二批中国传统村落之一，拥有革命旧址30多处，四周环山，村级公路贯穿整村，行政区域面积76.6平方千米。

项庙村

传统村落保护现状

2013年，项庙村与向阳村被入选第二批中国传统村落名录。其中针对阳家燕窝、大阳湾、西冲和古木冲四个村民做了传统村落保护规划。

历史沿革

1949年属孝感县小河区大悟联村。

1975年撤区并社，与会亭大队、汤砦大队合并，称孝感县大悟公社团结大队。

2017年合村调整，向阳村与古村落项庙村合并为新的项庙村。

治山理水，自强不息，山水人文，和美共生。

传统时期的村庄生命力

生态人文 和谐共生

生态保护专题　村落保护专题

抗日守土，坚韧不拔，军民联结，精神流传。

革命时期的村庄生命力

村民来客 共同缔造

乡村建设专题　乡村治理专题

人口流失，产业凋敝，村庄困境，亟待解决。

现代当下的村庄生命力

自主创新 产业兴旺

产业发展专题　建筑更新专题

生态保护专题

村落保护专题

小组成员：姚伟琪 Yao Yiqi　焦雪洁 Jiao Xuejie　常君锴 Chang Junkai　何昊阳 He Haoyang　芦靖瑜 Lu Jingyu　张宇辰 Zhang Yuchen
指导老师：段德罡 Duan Degang　李立敏 Li Limin　谢留莎 Xie Liusha
召集院校：华中科技大学

西安建筑科技大学建筑学院

参加院校：西安建筑科技大学 华中科技大学 昆明理工大学 青岛理工大学 南京大学

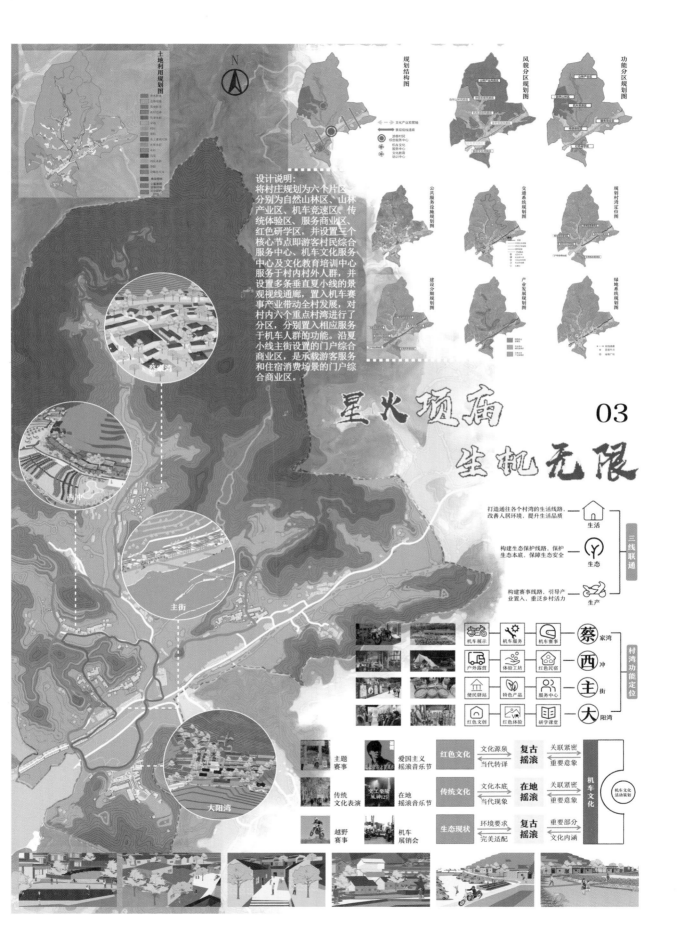

西安建筑科技大学

姚祎琪

项庙村在现代化冲击下需激活并提高生命力。我们通过深入分析发现，尽管村庄衰败，但其文脉与荆楚精神依旧。我们以机车文化为线索进行乡村规划设计，旨在弘扬传统，促进村落更新与治理。我们的目标是坚守传统保护与生态管制底线，精准定位，兼顾村落保护与治理，推动产业兴旺，建设具有自主创新能力的生长型传统村落。

焦雪洁

在大学毕业之际，我有幸参与五校乡村联合毕业设计。首次跨专业合作让我从宏观角度理解规划设计，为我的五年大学生活画上完美句点。我们深入项庙村，分析其发展，探索传统村落在新时代的传承与活力。虽过程艰难，但老师的耐心指导及团队合作让我们在毕业设计中收获丰富。我们在毕业设计过程中体验到了不同的风土人情，也有幸结识了优秀的同学。感谢所有参与毕业设计的人，期待未来我能为乡村振兴贡献力量。

常君锴

3月，我踏入项庙村，开始了跨学科的乡村规划设计之旅。城乡规划与建筑学的结合，让我认识到乡村振兴需要综合考虑经济、社会、文化、生态因素。这次毕业设计不仅提升了我的专业技能，更拓宽了我的视野，加深了我对乡村文化振兴的理解。我期待将所学应用到未来的乡村发展中，为乡村振兴贡献力量。

何昊阳

感谢主办方和指导老师提供的机会，让我能够在乡村发展项目中提升专业能力，深刻理解乡村振兴的重要性。实践中，我体会到理论与实践结合的必要性，认识到决策对乡村居民生活的影响。团队合作的力量让我们克服困难，完成挑战。这次经历是我新的起点，我将继续为乡村振兴贡献力量。

芦靖豫

我非常荣幸参与五校乡村联合毕业设计，这不仅丰富了我的专业知识，更丰富了我的人生经验。在项庙村规划设计中，我们团队与居民紧密合作，提出机车主题，迎接挑战，享受乐趣与成就感。我深刻理解了团队合作的重要性，每一位成员的努力都是成功的关键。与乡村居民的互动加深了我对传统文化的尊重，激发了我为乡村发展贡献力量的愿望。这次经历锻炼了我的创新能力，是我宝贵的人生财富。感谢导师的指导、团队的支持和乡村居民的热情。未来，我将继续运用所学，为乡村规划贡献力量。谢谢大家！

张宇辰

参与五校乡村联合毕业设计，我感到荣幸与激动。团队合作让我认识到每位成员的重要性，锻炼了我的专业技能，加深了与同学的友谊。乡村居民的纯朴与乡村的文化底蕴激发了我为乡村发展作出贡献的愿望。这次经历提升了我的专业能力，提升了我的品质，让我学会了坚持与创新。感谢导师、团队和村民的支持。

蔓生今古，耕学项庙

——空间蔓生视角下的项庙村传统古村落发展路径探索

青岛理工大学

Qingdao University of Technology

蔓生今古，耕学项庙

——空间蔓生视角下的项庙村传统古村落发展路径探索

参与学生 魏 唯 李旸修 刘亚鹏 吕瑞倩 冯玉亭 李 遥 赵潇凤

指导老师 朱一荣 王润生

教师解题

　　孝昌县位于大别山南麓，与江汉平原交界，拥有深厚的历史文化与秀美的自然风光。然而，乡村文化发展曾一度滞后，城乡差距显著。为全面实施乡村振兴战略，孝昌县将乡村文化振兴列为关键任务，加大政策与资金投入，致力于挖掘传承本土文化，推动乡村文化事业蓬勃发展。此外，作为农业大县，孝昌县正面临农业转型升级的挑战，乡村文化振兴成为推动农业现代化、提升农产品附加值的关键途径。同时，丰富的历史文化遗产和民间资源为乡村文化振兴提供了有力支撑，有助于打造特色文化品牌，推动乡村旅游业发展。

　　本组规划设计的对象是湖北省孝昌县项庙村。项庙村主要依赖传统种植业。近年来，村庄发展起红色旅游业，丰富了产业结构，促进了经济多元化发展。然而，随着时代进步，传统村落生产生活方式与现代发展脱节，保护与发展之间的矛盾日益凸显。一些区域的过度保护或过度开发导致村庄生态斑块破碎化、土地资源利用不合理、传统风貌破坏、文化场所缺失、村庄发展内生动力不足等问题层出不穷。村民对拓展公共活动空间、美化环境风貌、实现公共服务设施现代化的需求愈发迫切。

　　基于此，本组构思架设一座连通"古"与"今"的桥梁，探索保护与传承并重的项庙村"在地化"发展方案。该方案以"蔓生今古，耕学项庙"为核心理念，充分尊重并延续村湾背山面水、聚族而居，类似藤蔓生长的独特空间形态，根据山水农耕共生聚落特质，提出建立生态、文态、业态多维联系的"蔓生空间模型"策略，致力于打造集生态教育、文化研学、农耕体验、休闲旅游于一体的"综合体"，为项庙村绘制一幅蓝绿交织、人融而栖、产兴文聚的和美乡村蓝图。

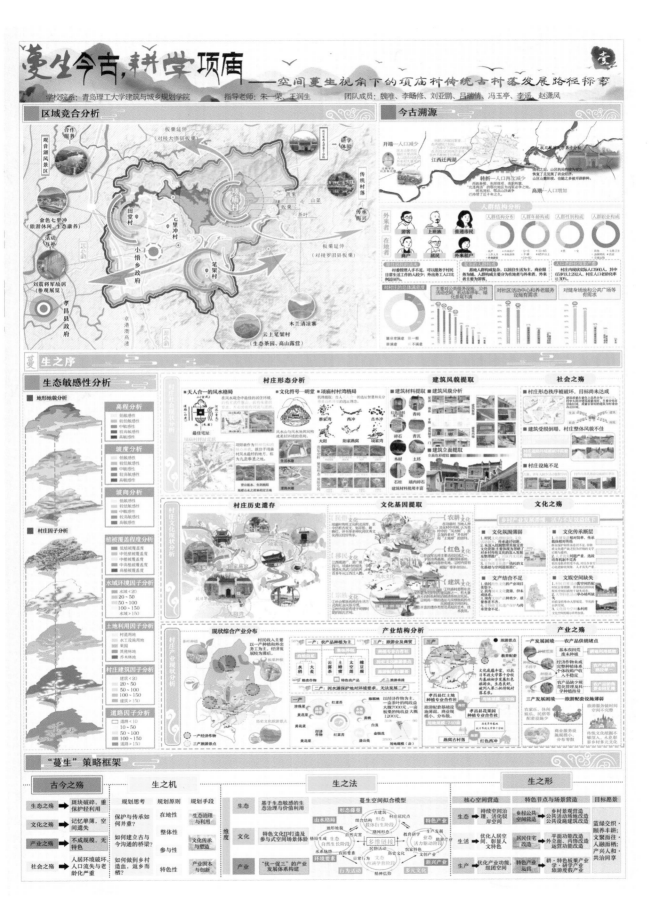

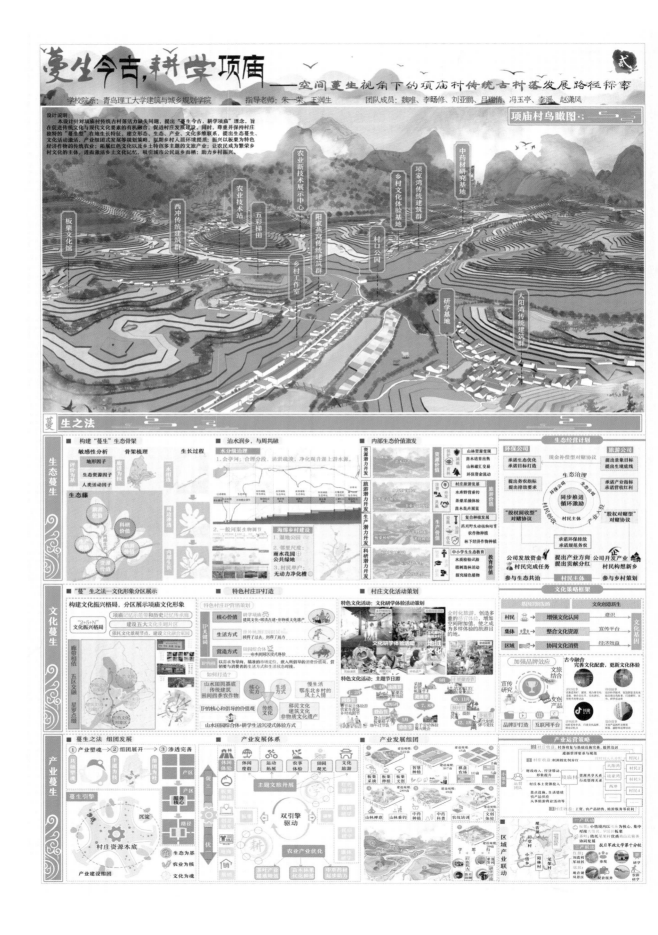

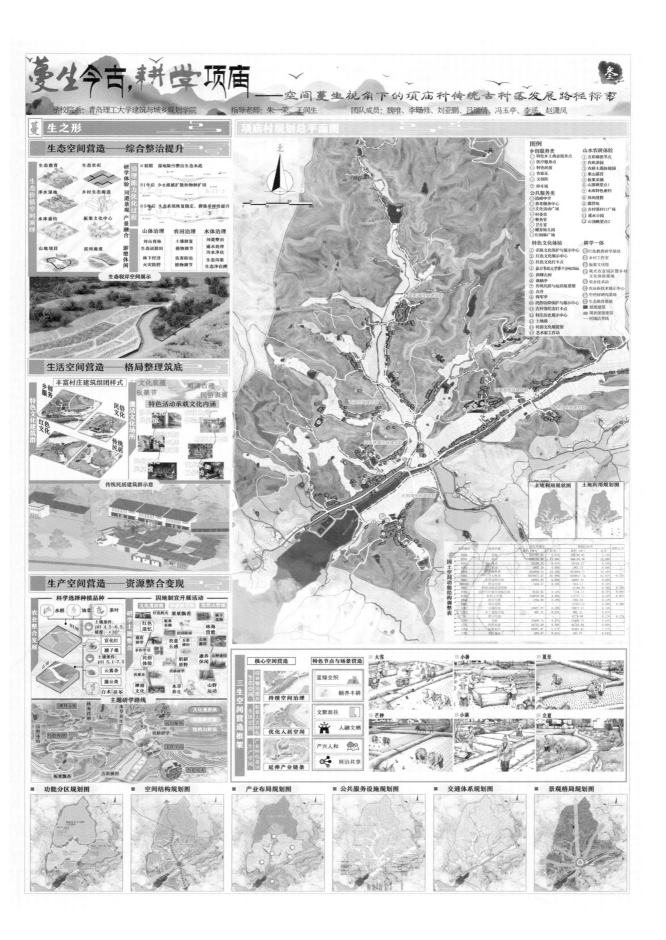

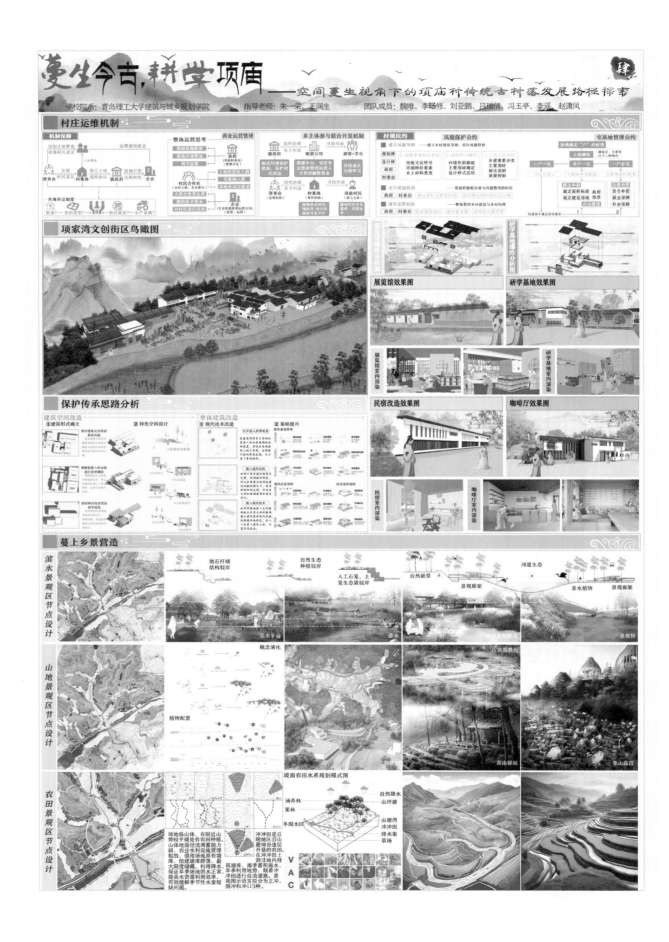

蔓生今古，耕学项庙
——空间蔓生视角下的项庙村传统古村落发展路径探索

学校院系：青岛理工大学建筑与城乡规划学院　　指导老师：朱一荣、王润生　　团队成员：魏唯、李旸修、刘亚鹏、吕瑞倩、冯玉亭、李遥、赵潇凤

村庄运维机制

项家湾文创街区鸟瞰图

展览馆效果图

研学基地效果图

保护传承思路分析

民宿改造效果图

咖啡厅效果图

蔓上乡景营造

滨水景观区节点设计

山地景观区节点设计

农田景观区节点设计

坡面农田水系规划模式图

青岛理工大学

魏唯

　　3月，我们满怀敬畏之情，踏入了项庙村。在村委的娓娓道来中，我们竭力去表现那激荡人心的红色史诗，以及江西迁往两湖的移民文化所编织的绚丽篇章。5月，我们以规划者的名义，怀着对这片土地的深深敬意，精心构建了一幅项庙村的蓝图。

　　项庙村的文化底蕴丰厚而深沉。我们尊重村庄原有的自然风貌，汲取古人"天地合一"的哲学思想，希望村庄在未来的发展中能够有机生长，与大自然和谐共生。我们在这里收获了无数宝贵的经验，这段难忘的记忆将永远定格在我们的心中。

　　然而，它不只是终点，更是我们走向未来的新起点。最后，我们衷心感谢村委、五校老师的悉心指导和帮助，感谢队友们的支持与理解。展望前路，山河壮阔，我们的未来辽阔无垠，满载着无尽的可能性与光明的希望！

李旸修

　　本次联合毕业设计是一次宝贵而又难忘的经历，历经半个学期的调研与分析总结，联合毕业设计终于圆满结束。本次毕业设计带给了我前所未有的经历和体验，不同学校的老师和学生一起努力完成毕业设计的过程既严谨又充满了挑战。对于学生而言，每次去不同的学校进行答辩的体验帮助我们迅速提升自身的能力，答辩老师对我们严格要求、悉心指导，帮助我们一次又一次地进行反思与修改。最终在老师的不断鞭策下我们完成了方案，而且每一位学生都得到了很大的进步。与此同时，指导老师也对我们的方案进行了细致的指导，每一位参与联合毕业设计的老师都为这个项目付出了心力，带着我们去实地考察，调研总结当地的环境以及发展现状，并严格督促我们的方案设计以及答辩汇报，用自己所掌握的知识与经验不断地帮助我们打磨完善方案，让我们有了许多收获，也明白了学校对我们的重视与关心。

刘亚鹏

在毕业设计的过程中，我们要确保项目紧密贴合现实，尊重现状，对其可行性进行严谨的研判。每一个理念都应该经得起深入的推敲，我们绝不能仅凭一时兴起或随意的想法就仓促决定，更不能看到什么就将其确定为定位。我们需要具备全局思维和全面的视野，对整体进行全面把握和深入研判，进而准确地提炼出主次关系。

我们必须对自己负责，对规划负责，尊重天地人和的理念，尊重自然规律。规划要与现实紧密接轨，我们不能沉溺于空想一些不切实际的东西，而是应该像老师们说的那样，更多地思考如何为百姓办实事，如何为村民解决一至两个核心问题。只有真正为村民解决了实际问题，我们的规划才具有实际意义和价值。

吕瑞倩

这次五校乡村联合毕业设计让我深刻感受到了团队合作的力量与魅力。来自不同学校的我们，为了同一个目标齐聚项庙村，共同为项庙村的未来出谋划策。

在这个过程中，我与同伴们互相学习、互相启发，不断碰撞出思想的火花。我们通过深入项庙村、了解实际情况，不断推敲修改完善方案，最终设计出了既符合当地特色又具有前瞻性的方案。

这次联合毕业设计不仅让我收获了宝贵的知识和经验，更让我体会到了团队合作的重要性。在未来的日子里，我们将继续携手前行，为乡村的发展贡献智慧和力量。

冯玉亭

在本次毕业设计过程中，我收获颇丰。起初的调研让我深入了解了村落的历史文化和居民生活，实地考察的每一步都充满了挑战和启发。面对基础设施落后和居住环境需要改善的现状，我们反复推敲设计方案，力求在保护传统风貌的同时引入现代设施。

整个设计过程中，指导老师的耐心指导和团队成员的密切合作让我深感幸运。大家共同努力，不仅完成了一份兼具实用性和美观性的设计方案，更让我深刻体会到建筑设计的社会责任。我们不仅是在设计建筑，更是在为村民创造更美好的生活环境。

感谢指导老师、团队成员和项庙村村民的支持与帮助。毕业设计让我成长了许多，也增强了我作为建筑设计师的责任感和使命感。未来，我将继续努力，用专业知识和技能，为社会发展贡献力量。

李遥

　　本次联合毕业设计是我第一次与城乡规划和建筑学专业的同学合作。在这个过程中，最重要的一步，也是后续完成毕业设计的基础，就是不同专业之间的磨合。我们深入交流了每个专业的设计逻辑与工作流程，在其中求同存异，争取发挥每个人最擅长的部分。

　　本次毕业设计经历了为期三天的实地调研。我们深入走访乡村，了解村民需求，发现实际问题，而非单纯通过计算机中冰冷的数字得出设计的所谓"最优解"。过程中村民们的热情也让我由衷希望能做出具有实际意义的景观设计。

　　在设计中，通过与城乡规划专业同学的交流，我拓宽了思维，更多地从全局角度思考设计要点，从更多的层面去思考人、地、景之间的关系；而和建筑学专业同学的合作中，我体会了人文要素为主导的场所精神在空间中的应用。

　　总之，感谢本次毕业设计，让我为本科阶段交上了一份圆满的答卷。人居环境是我们永远需要研究的命题，希望在未来我也能有机会投入行业中，为人居环境的优化做出自己的努力。

赵潇凤

　　首先感谢五校乡村联合毕业设计，该活动让我们将理论与实践联系在一起，并结识了很多小伙伴。回想起来，整个过程虽遇到诸多困难但也有很多收获，我明白了设计是对前面所学知识的一种检验。小组成员间的互相帮助是本次毕业设计顺利完成的重要一环，感谢伙伴们的包容与支持，也很感谢此次毕业设计的指导老师。

千里知杏黄，古村育新生

——网红空间先行的项庙村发展战略规划

南京大学

南京大学

千里知杏黄，古村育新生

——网红空间先行的项庙村发展战略规划

参与学生　　晁　洋　张祖强　柴　鑫

指导老师　　周　扬　陈培培　乔艺波

中国城镇化进程速度之快、规模之大，纵览世界文明史绝无仅有，所取得的成就更是令世界瞩目。然而，城市与乡村作为城镇化进程中两个最基本的空间范畴，其经历则完全不同：一面是城市狂飙突进式的快速扩张，另一面则是乡村日渐沉沦式的不断衰败。这固然是城镇化进程难以避免的问题，但是作为民族的宝贵遗产、广大农民社会资本的有效载体和中华文明的文化之根，传统乡村有着非同寻常的重大意义。如何在顺应城镇化大势和遵守经济分工规律的基础上，为传统乡村注入发展活力是当前乡村振兴实践的焦点问题，也是本次项庙村规划设计的核心关注点。

作为底蕴深厚的传统古村落，项庙村拥有丰富的资源禀赋。从独特的山水林田格局、古朴淳厚的村落民居建筑群到红色历史资源，项庙村给人留下多重而又丰富的印象。然而，边缘的地理区位、模糊的区域定位，以及对工业发展的严格限制，显著制约着项庙村的发展。有效整合项庙村的资源禀赋，突破偏远区位的地理限制，为衰败的乡村注入内生发展动力，是项庙村的当务之急。

本次毕业设计将村落古民居建筑群、银杏景观作为重点规划对象，以打造网红空间为先行规划目标，通过聚集外部流量为项庙村注入内生发展活力。通过整合村庄内部资源，依托网红空间发展以教育研学为特色的旅游产业，打造红色历史、自然科普两大教育研学基地，策划以德智体美劳五育为主题的旅游活动，在村域形成"一轴一带一心三片"的空间结构，通过关键基础设施建设和存量用地整理助力产业空间布局，通过环境品质提升和配套服务完善提高村庄人居环境质量。最后，在村域范围内提出精明发展策略、共享治理策略以及有序建设策略，以有效支撑规划落地实施。

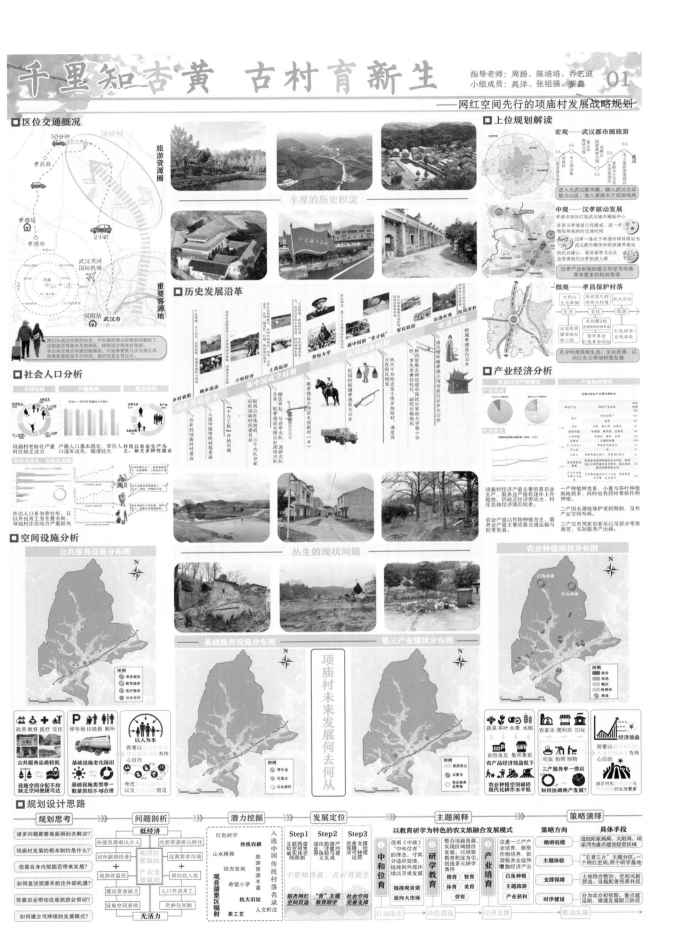

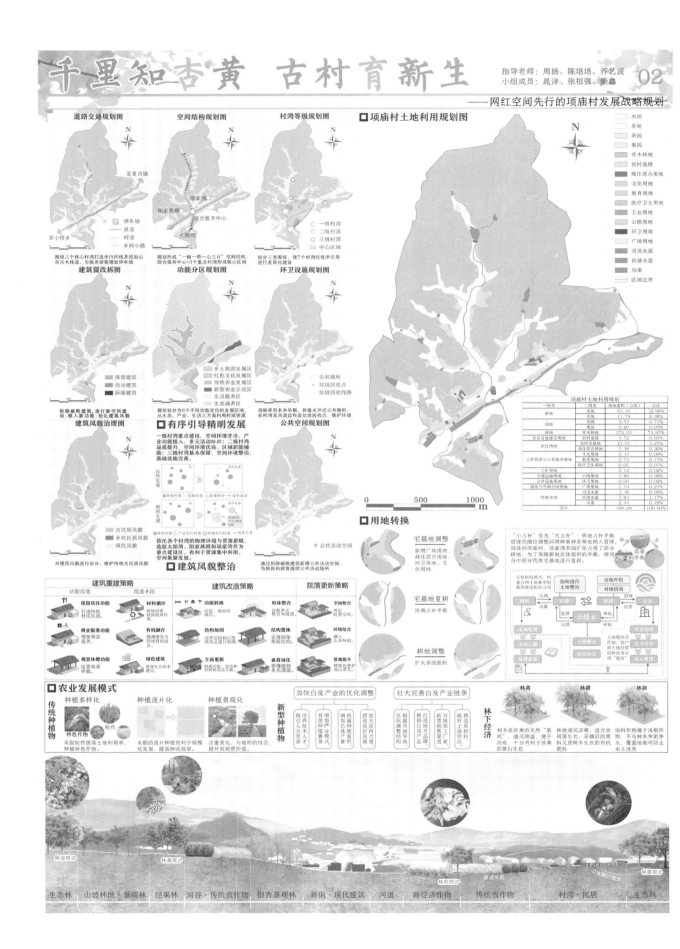

千里知杏黄　古村育新生

指导老师：周扬、陈培培、乔艺波
小组成员：晁洋、张祖强、柴鑫

03

——网红空间先行的项庙村发展战略规划

□ 详细规划平面图

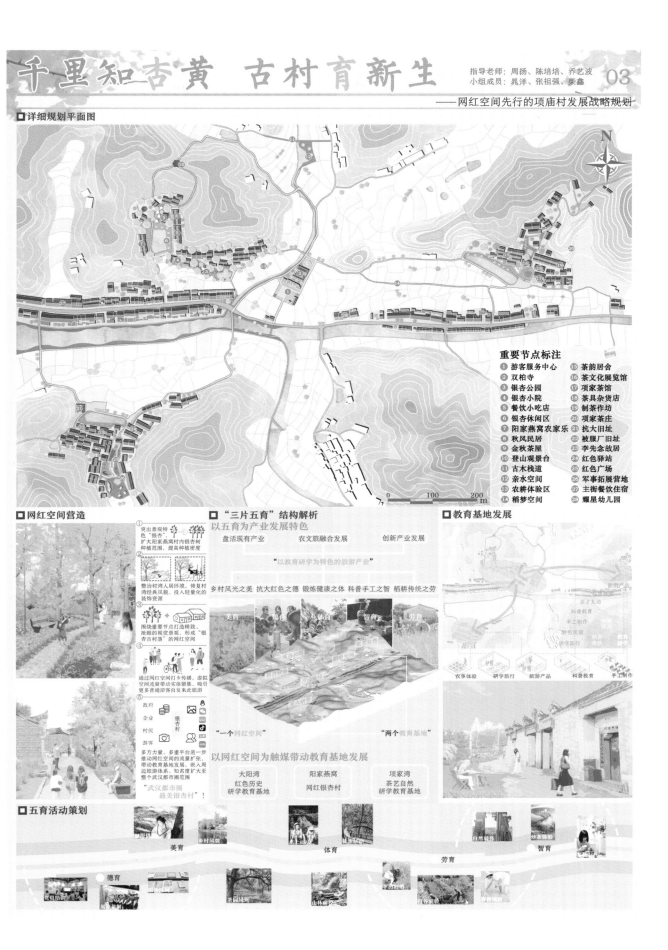

N

重要节点标注

❶ 游客服务中心	⑮ 茶韵居舍
❷ 双柏寺	⑯ 茶文化展览馆
❸ 银杏公园	⑰ 项家茶馆
❹ 银杏小院	⑱ 茶具杂货店
❺ 餐饮小吃店	⑲ 制茶作坊
❻ 银杏休闲区	⑳ 项家茶庄
❼ 阳家燕窝农家乐	㉑ 抗大旧址
❽ 秋风民居	㉒ 被服厂旧址
❾ 金秋茶屋	㉓ 李先念故居
❿ 登山观景台	㉔ 红色驿站
⑪ 古木栈道	㉕ 红色广场
⑫ 亲水空间	㉖ 军事拓展营地
⑬ 农耕体验区	㉗ 主街餐饮住宿
⑭ 稻梦空间	㉘ 耀星幼儿园

0 100 200 m

□ 网红空间营造

① 突出景观特色"银杏"，扩大阳家燕窝内银杏荠种植范围，提高种植密度

② 整治村湾内人居环境，修复村湾经典风貌，投入轻量化的装饰资源

③ 围绕重要节点打造精致、抢眼的视觉景观，形成"银杏古村落"的网红空间

④ 通过网红空间打卡传播，虚拟空间流量带动实体聚集，吸引更多普通游客自发来此旅游

政府
企业　　　银杏村
村民
游客

多方力量、多重平台进一步推动网红空间的流量扩张，带动教育基地发展、嵌入周边旅游体系、知名度扩大至整个武汉都市圈范围

"武汉都市圈
最美银杏村"！

□ "三片五育"结构解析

以五育为产业发展特色

盘活现有产业　　　农文旅融合发展　　　创新产业发展

"以教育研学为特色的旅游产业"

乡村风光之美　抗大红色之德　锻炼健康之体　科普手工之智　稻耕传统之劳

"一个网红空间"　　　　　　　　"两个教育基地"

以网红空间为触媒带动教育基地发展

| 大阳湾 红色历史 研学教育基地 | 阳家燕窝 网红银杏村 | 项家湾 茶艺自然 研学教育基地 |

□ 教育基地发展

农事体验　研学旅行　旅游产品　科普教育　手工制作

□ 五育活动策划

美育　　乡村风貌

德育

体育

劳育

自然铸练　炒茶体验　智育

千里知杏黄　古村育新生

指导老师：周扬、陈培培、乔艺波
小组成员：晁洋、张祖强、紫鑫

04

——网红空间先行的项庙村发展战略规划

□村庄鸟瞰图

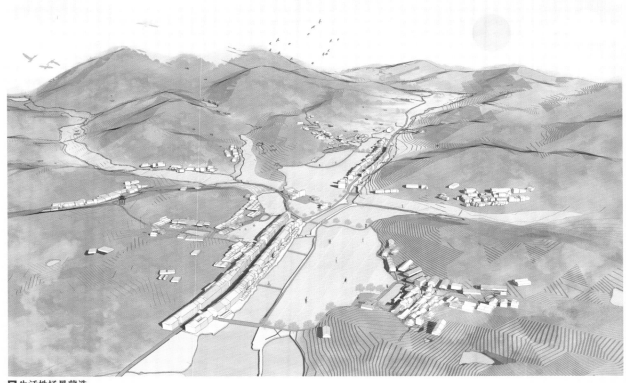

□生活性场景营造

在村庄中营造多元的生活性场景，满足不同类型人群、不同生活方式的多样化需求

运动健身　生态氧吧
社交场所　独处空间
休憩交读　散步休闲

外来游客　经营商户　在地居民

□重要节点展示

□时序建设策略

动力初创期	重点建设期	增速发展期
土地资源流转、人居环境优化、治理机制初建、农业发展现代化、网红打卡精品建设	村容村貌优化、招商引资、农文旅融合发展、体验性消费、治理机制完善、运营模式构建	农文旅深度融合、项庙IP打造、品牌化产品、产业链延伸、电商赋能、文化消费、多元化发展

备田舍·做整治·造流量　营村貌·拓产业·提消费　生新趣·创IP·售产品

重点建设项目

银杏公园	银杏小院	金秋茶屋	农耕体验区	秋风民宿	茶韵商舍
交通组织	银杏休闲区	茶文化展览馆	制茶作坊	红色驿站	古木栈道
综合服务中心	金城卫生间	红色广场	项家茶馆	亲水空间	栖梦空间
河流整治	垃圾回收点	餐饮小吃店	扰大会馆	主田餐饮住宿	茶具杂货店

□共享治理策略

成果展示 ACHIEVEMENT EXHIBITION

南京大学

晁洋

参加此次五校乡村联合毕业设计让我受益良多。通过三月份的实地调研，我切实地认识到了项庙村的现状发展问题；通过五月份的中期汇报，我看到了同学们丰富的想法与思路；六月份的终期答辩，兄弟院校伙伴分享了他们的精彩成果。这一路虽然经历了困难与不易，但终究是收获满满的。此次毕业设计不仅让我更加切实地走进了乡村、感知了乡村、了解了乡村，还带给我很多思考与锻炼，无论是分析问题的能力或方案的规划设计能力，抑或是团队合作能力，都有了很大的提升。

最后由衷地感谢各位老师的悉心指导与当地政府部门的全力配合，以及两位队友的合作努力。同时也衷心地祝愿五校乡村联合毕业设计能够越办越好！

张祖强

很高兴能参加本次五校乡村联合毕业设计，和五校师生一起前往孝昌县实地调研，在华中科技大学与昆明理工大学分别进行中期汇报与终期答辩。大家在一起交流各自的想法，感受不同学校的教育理念，是我本科生活中很宝贵的一次学习经历。

这次毕业设计是一个很好的感受乡村的机会，让我们走进乡村，了解当前城乡关系中乡村实际面临的发展困境，让我们从乡村发展的角度出发，为当下衰退趋势下的乡村提出发展建议。

联合毕业设计项目中的协作和沟通是成功的关键。我学会了如何在团队中发挥自身的优势，如何有效地协调分歧，以及如何在时间压力下保持团队的凝聚力和创造力。

最后，非常感谢五校老师的悉心指导，感恩队友的理解包容，感谢各位好友的陪伴协助。

柴鑫

参加本次乡村联合毕业设计是我难以忘记的一段经历。无论是项庙村，还是交流甚多、互帮互助的同学们，都会令我在往后的学习工作当中怀念这段经历。当然，老师的指导同样令我受益匪浅。关于如何将所学到的技术与方法运用于陌生的乡村的规划设计中，毕业设计给我好好上了一课。我相信无论是联合毕业设计开始的十年前，还是十周年后的再一个十年，学生从中受益都是本科期间理论课程所无法替代的。

时代提出问题，也赋予责任。真心希望五校乡村联合毕业设计能越办越好。

寻脉捕遗，骑妙林田

—— 湖北省孝昌县陆光村乡村规划设计

华中科技大学

Huazhong University of Science and Technology

寻脉捕遗，骑妙林田

——湖北省孝昌县陆光村乡村规划设计

参与学生 方 静 冯柏欣 扎 多 袁方舟

指导老师 乔 杰 洪亮平 任绍斌

教师解题

　　文化振兴是乡村振兴的灵魂，是产业兴旺、生态宜居、乡风文明、治理有效的重要内容。选题的三个村庄面临不同历史文化资源形式的文化建设问题。我们在思考，在全球化和城镇化不断扩张的今天，虽然守住"传统"很难，但让人心生敬畏的仍是传统，特别是在全球化和城镇化不断放缓的背景下，需要我们从日渐凋敝的传统文化中，重拾乡村振兴的灵魂。从学术研究的角度看，地方与全球化本身就是一对矛盾的话题。目前，关注乡村真实意义的群体，仍是那些留守县域空间的村镇居民。这些群体对乡村社会发展有着异于城市人的真情实感，未来的乡村重构也是这些基层群体在家庭、村落、村镇经济文化格局下的自主、理性选择。在孝昌县调研期间，县镇村干部对孝昌县的厚重历史文化既有笃定又存遗憾，似乎在经济发展的爬坡阶段，地方文化的消退成为空间建设激进的必然结果。陆光村的村民心中都有陆光情结，曾经的空间资源和历史荣光时刻提醒着当地人他们是谁，他们从哪里来、将走到哪里去。年轻的村委书记徐书记经历了多轮资本下乡，他和其他村委干部们都意识到，如果缺乏有效的政策资金支持，陆光村衰败的历史空间资源很难重返荣光。

　　毕业设计小组成员冯柏欣、方静、袁方舟、扎多四位同学深入陆光村进行周边调研，在本科教学训练基础上，了解区域生态、社会、经济和文化资源现状，分别从乡村遗产价值认知与空间活化、"三权分置"下农村宅基地盘活利用与空间活化、农业生态景观保护与产业功能提升以及骑行导向下的村庄空间组织与规划四个方向破题，力求使乡村专题研究和设计成果充分回应村委对陆光村未来发展的实际需求，同时为孝昌县这类都市圈县域城乡融合发展和乡村空间转型提供规划设计参考。

寻脉捕遗，骑妙林田
—— 湖北省孝昌县陆光村乡村规划设计　　　　乡村遗产价值认知与空间活化设计

01

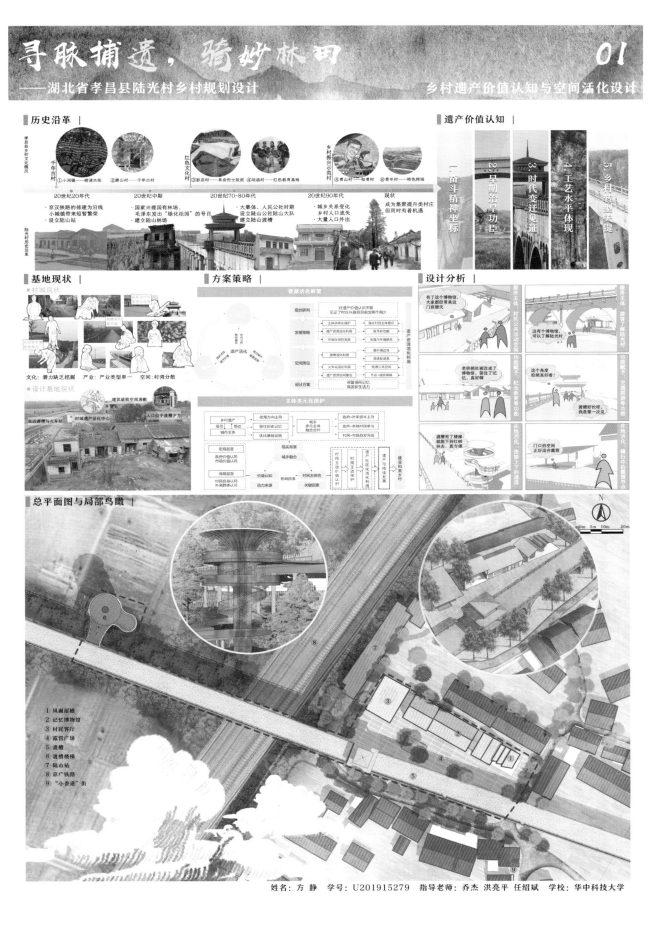

姓名：方静　学号：U201915279　指导老师：乔杰　洪亮平　任绍斌　学校：华中科技大学

寻脉捕遗，骑妙林田

02

——湖北省孝昌县陆光村乡村规划设计　　"三权分置"下农村宅基地盘活利用与空间活化设计

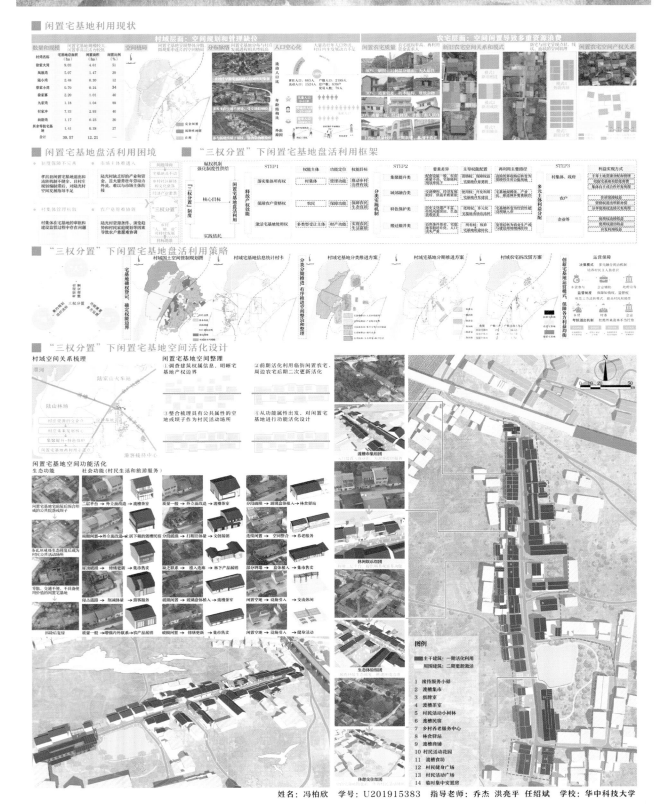

姓名：冯柏欣　　学号：U201915383　　指导老师：乔杰　洪亮平　任绍斌　　学校：华中科技大学

寻脉捕遗，骑妙林田

——湖北省孝昌县陆光村乡村规划设计

03

农业生态景观保护与产业功能提升规划设计

上位规划

陆山乡总体规划　　孝昌县总体规划

构建乡村田园综合体

生态恢复

经济增长 人群回流

当地历史文化保留

林下经济 文旅网

场地问题　　**产业分析**

共存
共生
共融

林下经济 + 文化展览 + 旅游经济

林创
文创
旅创

孝昌县二三产基础薄弱

村民活动轨迹

活动载体	活动内容	活动模式	空间需求

滨水空间节点

村域空间格局　**自然资源分析**　**水文环境分析**　**产业发展分析**

阶段性更新战略　　**湿地设计策略**

农业景观　林下文旅　林下经济　湿地公园　田园综合体

湿地设计策略

如何让人留在陆光村？

问题扩展

文化体验单薄　场地空心化　公共空间缺失　水景空间单一　交通组织缺乏　公共设施缺失　教育资源闲置　缺少公共空间

规划总平面图

1. 林间走廊
2. 渔业养殖区
3. 农业采摘区
4. 运动步道
5. 林间汀步
6. 观景步道
7. 湿地公园
8. 星光露营区
9. 观景台
10. 运动环道
11. 采茶园
12. 滨水公园
13. 休闲空间
14. 沉思空间
15. 儿童活动
16. 社交集会场所

植物配置图　　**生态修复策略**

林间步道　　**林下空间节点**

姓名：扎多　学号：U201915296　指导老师：乔杰　洪亮平　任绍斌　学校：华中科技大学

寻脉捕遗，骑妙林田
—— 湖北省孝昌县陆光村乡村规划设计

04

骑行导向下的村庄空间组织与规划设计

规划总平面图

交通区位分析

上位绿道衔接分析

骑行导向发展SWOT分析

空间组织思路

空间组织原则

交通结构图

景源分布图

公服设置图

中心骑行驿站规划思路

中心骑行驿站总平面图

姓名：袁方舟　学号：U201915402　指导老师：乔杰　洪亮平　任绍斌　学校：华中科技大学

华中科技大学

冯柏欣

3 月，我们走进了溳河边上的陆光村，在村委的描述中努力想象着这里曾经的辉煌与繁华。3 个月后，我们以规划之名，绘出陆光村以遗产价值为底色的未来发展新画卷。

陆光村的历史进程是曲折的，却也是积极的、昂扬的、鲜活的，即使在经历极大的身份反差后也依然在摸索寻找着前进的契机，与其说我们为陆光村提出了一版规划、一份设计，不如说陆光村为我们上了毕业前的最后一课。这段记忆虽定格于此，但未来的一切，将由此出发。

至此，感激各位村委和五校老师的悉心指导，感恩各位队友的理解包容，感谢各位五校好友的陪伴协助。山高水长，我们都无限可期！

方静

很开心能参与五校乡村联合毕业设计，和五校师生一起前往孝昌县进行调研，在华中科技大学做中期汇报，并能借终期答辩的机会前往美丽云南。

这次毕业设计对我而言是一个很好的走进乡村的机会，使我能够真正走进乡村，用发现问题的视角去认识乡村现状，以学习的心态去做出一份设计。当然，毕业设计作品还有很多不足，只是五年本科阶段性的成果，希望以后还有更多机会可以真正为乡村做出好的规划。

同时非常感谢毕业设计指导老师与同组队友，是乔杰老师的悉心指导让我顺利完成毕业设计，是组长与队友的支持让我们共同交出满意的小组成果。

袁方舟

　　参加本次五校乡村联合毕业设计是一次宝贵的机会，让我能和全国各地的小伙伴一起为乡村的发展出谋划策。从陆光村出发，我和小组队友们用双脚丈量了村庄的每一个角落；和村领导座谈、与村民交流，让我对这座看似平凡的小村庄有了更加深刻的理解。

　　几个月的时间里，尽管有着方案被推翻的沮丧、高强度赶制方案的劳累，但最后还是和队友们圆满地完成了对陆光村的设计构想，取得了老师和专家们的认可。五月昆明温柔的风也终将吹动我们前进的风帆，激励着我们前往祖国的每一个角落，接过前辈的接力棒，服务于乡村的振兴与发展！

扎多

　　此次毕业设计培养了我的团队合作意识和沟通能力。在团队中，我学会了倾听、尊重他人的意见、协调分歧，并最终达成共识。这些团队合作的技能将伴随我走向社会。这次毕业设计不仅仅是设计，也是对五年大学本科生活的总结。所以意义大于一切形式，过程大于结果。感谢这样一次机会，让我有了特别的人生体验，也结识了很好的朋友。特别感谢我的指导老师对我的耐心指导和教诲，让我受益匪浅。在毕业之际，站在又一个人生重大十字路口，有许多的选择、许多的困难、许多的琐碎，我分身乏术，并感到焦虑，好在老师的宽容和理解给了我极大的安慰，大大减轻了我的心理压力。这段时间里，除了老师，我还要由衷地感谢我的队友。他们极为尊重我的选择，在同时面对毕业设计和求职两大任务时，感谢队友能理解我的心情。

一杉红，众生共
——湖北省孝昌县乡村文化振兴与和美乡村规划设计

昆明理工大学

昆明理工大学

Kunming University of Science and Technology

一杉红，众生共

——湖北省孝昌县乡村文化振兴与和美乡村规划设计

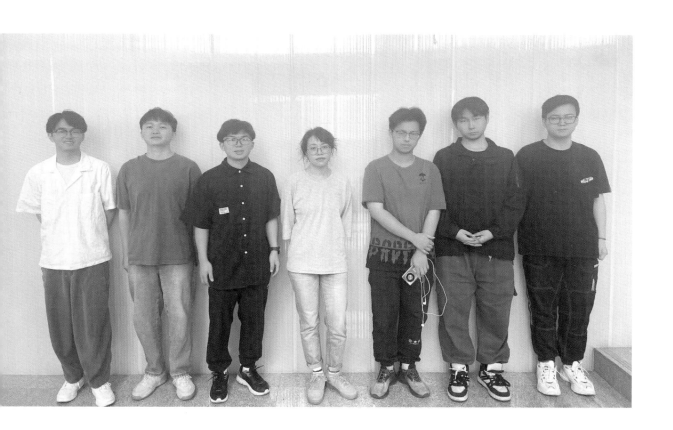

参与学生 蔡昊哲 骆启蒙 刘幸宇 舒德鼎 杨润宙 李新元 刘维桐

指导老师 杨 毅 徐 皓 李昱午

教师解题

　　作为风景园林专业教师和本次联合毕业设计的指导老师，我揣着一份规划任务书，带着 4 位风景园林专业、3 位建筑学专业的同学来到了陆光村。来到现场前，我们对此地的感知仅源于各种语言描述，并不知道将会面对怎样的景象。

　　进入陆光村，我们在有松香的树林里漫步，在辽远的澴河岸边远眺，在新绿的草坡上看羊群悠然咀嚼；穿过村庄，我们看见一汪水塘被随风摇曳的芦苇包围；走过陆山渡槽，我们看到安静的老火车站，仿佛走进了父辈年轻时的世界。眼前的一切光景是如此吸引人。

　　虽然由于专业训练不同，我们小组在数据的收集测算方面并不擅长，但是却可以将眼前这一切触动人类自然情绪的感性认识借由自己的设计转化成一个个具体的场景，而这些场景在这里可以连接陆光村的林、水、村、人。

　　风景园林和建筑学专业的学生，需要在设计之前完成部分规划工作，这是有一些难度的，但是同学们在经过案例学习和组内讨论之后制定了一份虽算不上规范和完整，却充满感情和期待并体现了专业判断的概念方案，并以具有落地性的景观设计和建筑设计方案支撑起前期的规划。作为指导老师，对此，我感到非常欣喜。先不提整个方案的结构体系和完成度，相比他们之前所有的作业练习有多大的提升，单是面对陌生的工作，大家一同合作研究，共同努力完成任务的情谊和能力，就让我欣慰不已。不管行业环境如何，有这样的精神，这几位年轻人一定未来可期！

　　感谢联盟，感谢陆光村，感谢同学们，感谢这一段紧张、辛苦却充满收获的时光。

2024
全国五校乡村联合毕业设计

陆光村规：**生态·生机·生命·生活·生产**　　**一杉红，众生共**
——湖北省孝昌县乡村文化振兴与和美乡村规划设计

01

‖‖场地感知

‖‖现状分析

水塘周边卫生治理
不足，绿化单一

水塘周边结构单一，
缺乏设计

公共空间功能结构
单一，需要优化

健身设施少，空间
功能结构单一

历史建筑物受损严重，
需要合理使用并保护

日常通行建筑物存有
严重的安全隐患

建筑老旧，杂草丛生

危房众多，存有安全隐患

卫生治理不足，废弃物
散乱在道路两边

房屋周围堆积废弃物，
卫生治理不足

蓄水塘治理不足，
空间绿化差

水塘卫生治理差，没有
较好的维护措施

‖‖现状分析

独特的红杉林资源

京广铁路穿村而过

有交通区位优势

历史建筑陆山渡槽

亚热带季风气候

毗邻滠河，水资源丰富

上位规划

陆光村位于孝昌县城镇集镇发展核心区，是京广发展主轴上的重要节点，可与孝昌县形成产业协同，同时毗邻滠水生态廊道，可将村庄的生态资源转化为发展优势，依托此水生态廊道发展生态旅游业、绿色农业等。

‖‖产业交通

村落旅游　　林间休闲　　滨水休闲

采摘体验　　栽培体验
放牧体验　　　　耕种体验

黄桃产业　　集中养殖　　互联网农业

生态路面

西部生态涵养带使用非硬质路面保护自然环境
东部采用硬质路面+非硬质路面

涵洞路面

将涵洞路面分流为车行、骑行、步行等
减少涵洞交通压力，保证道路安全

道路分级

主要道路分为乡村主路、支路、机耕路以及步行路
不同道路进行差异化设计，具有经济性

总体规划

‖‖总平面图

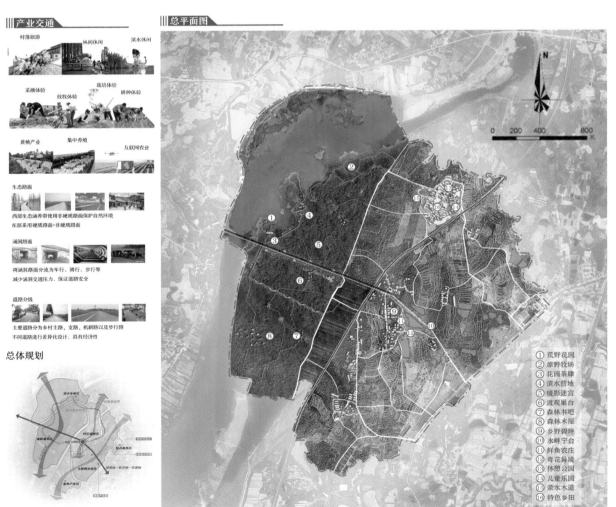

N

0　200　400　　800

① 荒野花园
② 原野牧场
③ 花园茶肆
④ 滨水营地
⑤ 镜影迷宫
⑥ 渡观台
⑦ 森林书吧
⑧ 森林木屋
⑨ 乡野舞坪
⑩ 水畔宁台
⑪ 鲜鱼农庄
⑫ 奇花异境
⑬ 休憩公园
⑭ 儿童乐园
⑮ 亲水木道
⑯ 特色乡田

昆明理工大学建筑与城市规划学院

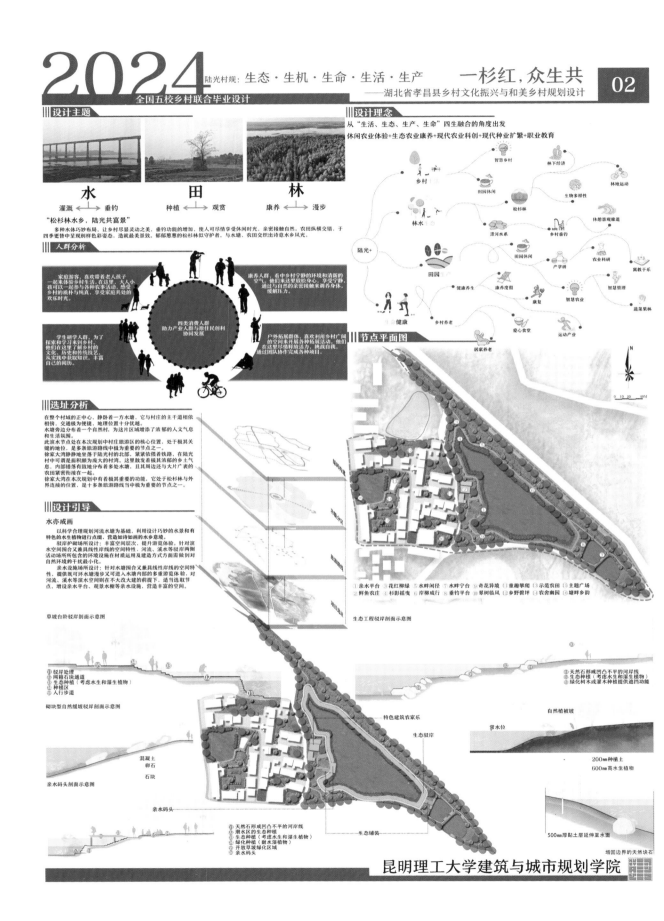

设计主题

水	田	林
灌溉 ⟷ 垂钓	种植 ⟷ 观赏	康养 ⟷ 漫步

"松杉林水乡，陆光共富景"

多种水体巧妙布局，让乡村尽显灵动之美，垂钓功能的增加，使人可尽情享受休闲时光，亲密接触自然，农田纵横交错，于四季更替中呈现别样色彩姿态，造就最美景致。郁郁葱葱的松杉林似守护者，与水塘、农田交织出诗意水乡风光。

设计理念

从"生活、生态、生产、生命"四生融合的角度出发

休闲农业体验+生态农业康养+现代农业科创+现代种业扩繁+职业教育

人群分析

四类消费人群 助力产业人群与原住民创利协同发展

家庭游客，喜欢带着老人孩子一起来体验乡村生活，大人小孩可以一起参与各种农事活动，体验乡村的淳朴与纯真，享受家庭共处的欢乐时光。

康养人群，看中乡村宁静的环境和清新的空气，他们来这里放松身心，享受宁静，通过与自然的亲密接触来调养身体，缓解压力。

学生研学人群，为了探索和学习来到乡村。他们在这里了解乡村的文化、历史和传统技艺，从实践中获取知识，丰富自己的阅历。

户外拓展群体，喜欢利用乡村广阔的空间来开展各种拓展活动，他们在这里尽情释放活力，挑战自我，通过团队协作完成各种项目。

选址分析

在整个村域的正中心，静卧着一方水塘，它与村庄的主干道相依相倚，交通极为便捷，地理位置十分优越。

水塘旁边分布着一个自然村，为这片区域增添了浓郁的人文气息和生活氛围。

此濒水节点处在本次规划中村庄旅游区的核心位置，处于极其关键的地位，是多条旅游路线中极为重要的节点之一。

徐家大湾静静地坐落于陆光村的北部，紧紧依偎着铁路，在陆光村可谓是面积颇为庞大的村湾，里里散发着极其浓郁的乡土气息，内部错落有致地分布着多处水塘，且其周围还与大片广袤的农田紧密衔接在一起。

徐家大湾在本次规划中有着极其重要的功能，它处于松杉林与外界连接的位置，是十多条旅游游路线当中极为重要的节点之一。

设计引导

水亦成画

以科学合理规划河流水塘为基础，利用设计巧妙的水景和有特色的水生植物进行点缀，营造如诗如画的水乡意境。

驳岸护砌场所设计：丰富空间层次，提升游览体验。针对滨水空间围合又兼具线性岸线的空间特性，河流、溪水等驳岸两侧活动场所所包含的环境设施在材质运用及建造方式方面做到与自然环境的干扰最小化。

亲水设施场所设计：针对水塘围合又兼具线性岸线的空间特性，提供既可环水塘涉又可进入水塘内部的多重游览体验，对河流、溪水等滨水空间则在不大改大建的前提下，通过选取节点，增设亲水平台、观景水榭等亲水设施，营造丰富的空间。

草坡台阶驳岸剖面示意图

① 驳岸处理
② 网箱石块通道
③ 生态种植（考虑水生和湿生植物）
④ 种植坡
⑤ 人行步道

砌块型自然缓坡驳岸剖面示意图

混凝土
卵石
石块

亲水码头剖面示意图

① 天然石形成凹凸不平的河岸线
② 潜水区的生态种植
③ 生态种植（考虑水生和湿生植物）
④ 绿化种植（耐水湿植物）
⑤ 开放型城缘化区域

亲水码头

节点平面图

① 亲水平台 ② 鲜鱼农庄 ③ 花红柳绿 ④ 杉影摇曳 ⑤ 水畔闲径 ⑥ 岸柳成行 ⑦ 水畔宁台 ⑧ 奇花异境 ⑨ 翠树临风 ⑩ 童趣攀爬 ⑪ 乡野碧井 ⑫ 示范农田 ⑬ 农舍幽园 ⑭ 主题广场 ⑮ 塘畔乡韵

生态工程驳岸剖面示意图

① 天然石形成凹凸不平的河岸线
② 生态种植（考虑水生和湿生植物）
③ 绿化树木或灌木种植提供道挡功能

特色建筑农家乐

生态驳岸

生态铺装

自然植被坡

常水位

200mm种植土
600mm高水生植物

500mm厚黏土层延伸至水面

增固边界的天然岩石

145

设计策略

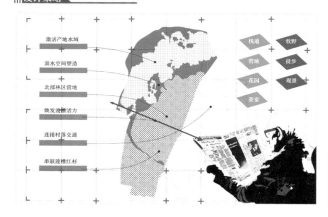

激活产地水域
滨水空间塑造
北部林区营地
焕发渡槽活力
连接村落交通
串联渡槽红杉

找道　牧野
营地　徒步
花园　观景
茶室

设计策略

植物种类丰富，涵盖了乔木、灌木、地被植物等多个层次，形成了较为完整的植物群落。
同时，植物配置注重季相变化和色彩搭配。
使得园林空间在不同季节呈现出不同的景观效果。

节点平面图

① 荒野花园
② 原野牧场
③ 花园茶肆
④ 滨水营地
⑤ 镜影迷宫
⑥ 渡观哨台
⑦ 森林书吧
⑧ 森林木屋
⑨ 骑行驿站
⑩ 林渊见鹿
⑪ 七彩人间
⑫ 阳光松照
⑬ 荧光幻灯
⑭ 攀爬乐园
⑮ 林中营地
⑯ 凌空长廊

节点展示

童真的天堂，学习的乐趣应在探索之中。

一日行遍山河，叹此处，而驻足。

象征无畏的渡槽反映了20世纪的辉煌，而登高遥望者亦如雏鹰迎风展翅。

镜子、玻璃与树木都在捕捉光。

在林海一隅，从书本中找寻自我。

久居喧嚣城市，打破牢笼，度假康养，滋补生命，安养岁月。

滨水营地，以生态、自然、舒适、安全为主要设计理念，每个帐篷均可容纳四人住宿，场地较为空旷，可举行活动，为村子引流。

荒野花园，以场地原生植物为背景，搭配多年生灌木、野草，筑起一座环形剧场，一改传统园艺的精致维护方式，展现自然的野性力量。

在原生草甸基础上用石头与灌木造景，茶舍与环形剧场采取轻量化设计，底部架空，避免硬质化铺装。

草甸花园茶舍，与环形剧场相呼应，红叶季顺应旅游季可提供特色餐食。北连滨水营地，南可通山渡槽，茶舍四面通透、设中岛吧台，四周为半开放空间，集康养、疗愈、观景和餐饮为一体。

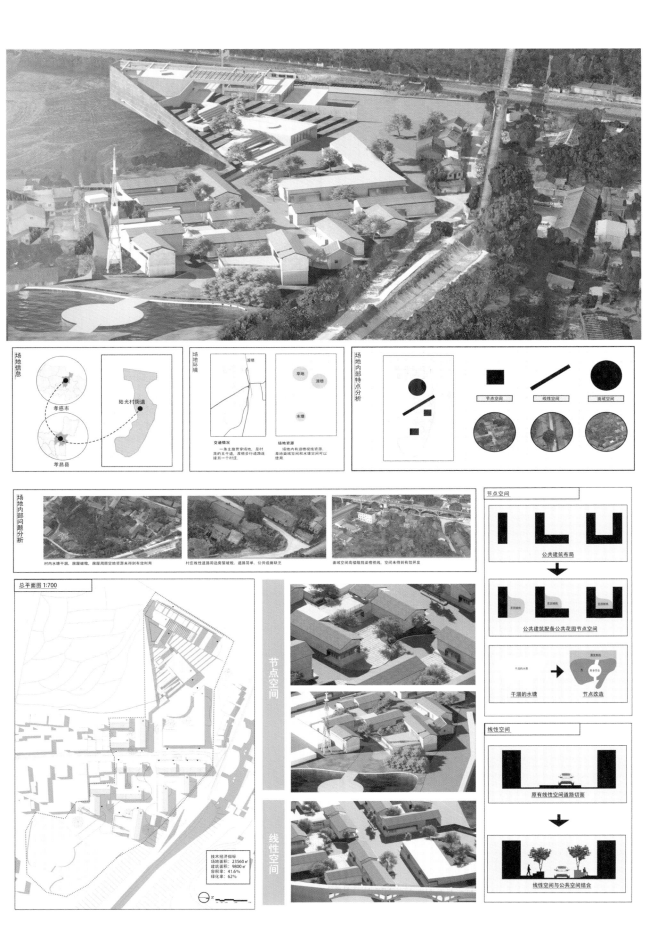

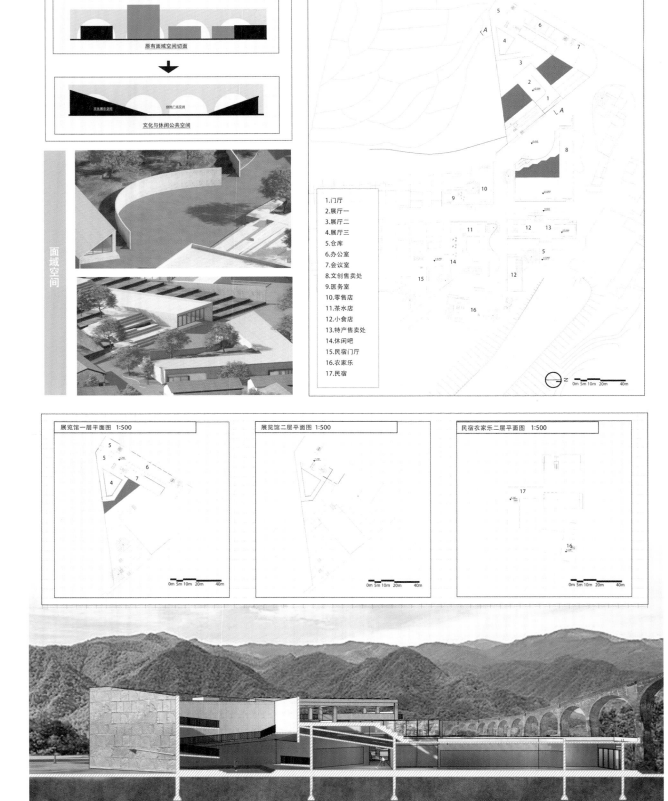

面域空间

原有面域空间切面

文化博乐空间　　绿地广场空间

文化与休闲公共空间

面域空间

一层平面图 1:500

1.门厅
2.展厅一
3.展厅二
4.展厅三
5.仓库
6.办公室
7.会议室
8.文创售卖处
9.医务室
10.零售店
11.茶水店
12.小食店
13.特产售卖处
14.休闲吧
15.民宿门厅
16.农家乐
17.民宿

0m 5m 10m 20m　40m

展览馆一层平面图 1:500

0m 5m 10m 20m　40m

展览馆二层平面图 1:500

0m 5m 10m 20m　40m

民宿农家乐二层平面图 1:500

0m 5m 10m 20m　40m

A—A剖透视图

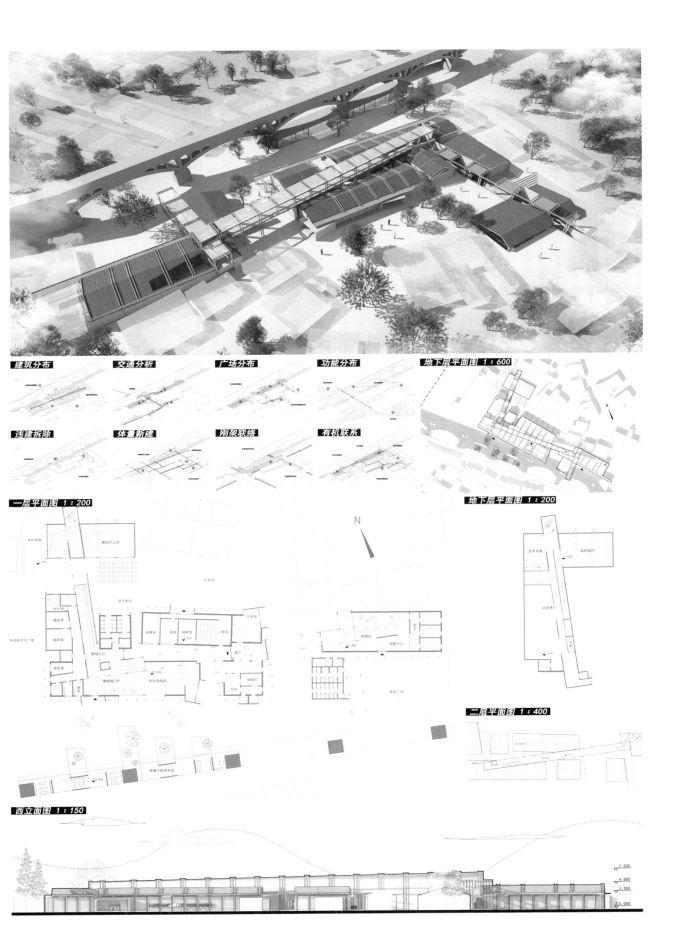

2024 城乡规划、建筑学与风景园林专业五校乡村联合毕业设计

西立面图 1 : 150

7.500
3.900
±0.000

剖透视图 1 : 120

展厅采光分析　　　　　前厅采光分析

游客中心采光

爆炸图流线分析

博物馆模块　　　　　　刚架体系结构

渡槽观光廊

博物馆流线

居民生活模块　　　　游客中心模块

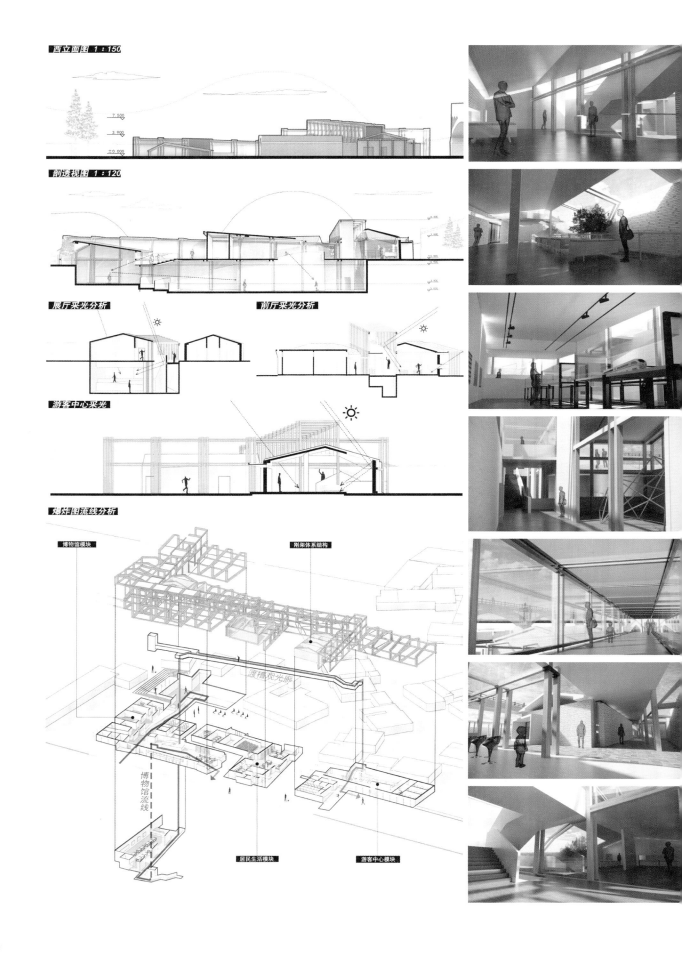

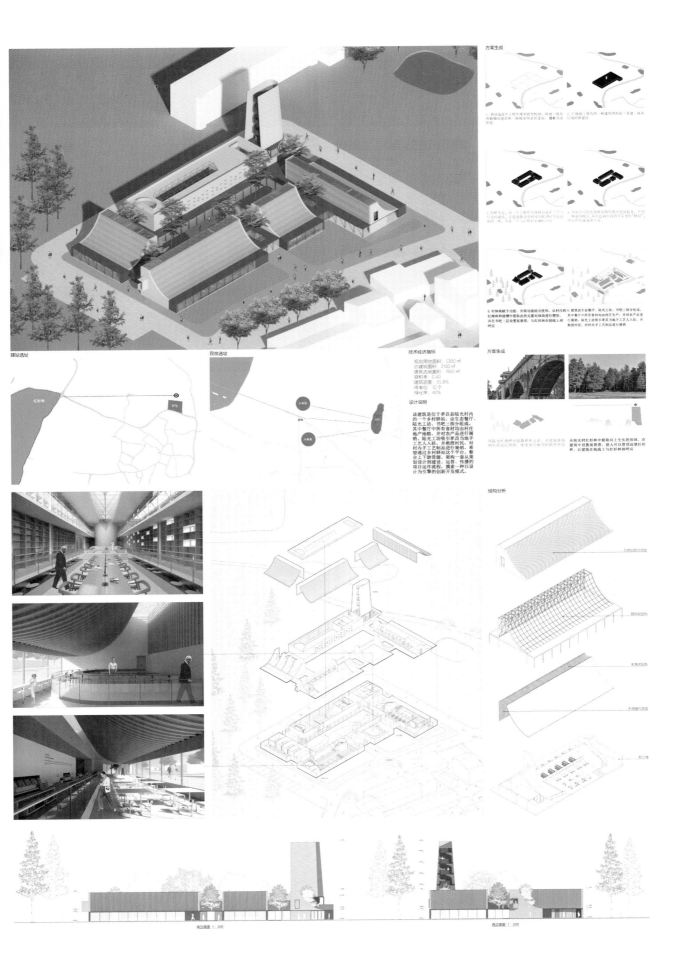

方案生成

驿站选址

民宿选址

技术经济指标

规划用地面积：5300 ㎡
总建筑面积：2100 ㎡
建筑占地面积：1900 ㎡
容积率：0.40
建筑密度：35.8%
停车位：10 个
绿化率：40%

设计说明

该建筑是位于孝昌县陆光村内的一个乡村驿站，由生态餐厅、陆光工坊、书吧三部分组成，其中餐厅中所有食材均由庄地产地销，并对农产品进行展销，陆光工坊吸引孝昌当地手工艺人入驻，并教授村民，对村内手工制品进行展销，希望通过乡村驿站这个平台，整合上下游资源，架构一套从策划设计到建设、运营、传播的项目运作流程，摸索一种以设计为引擎的创新开发模式。

方案生成

结构分析

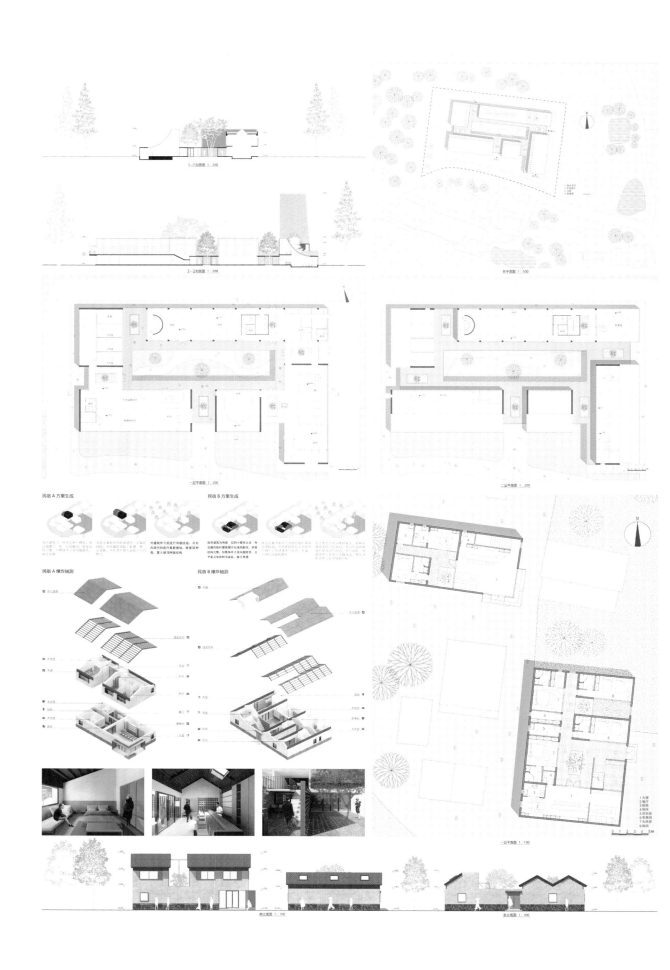

昆明理工大学

蔡昊哲

　　五校乡村联合毕业设计已尘埃落定，整个过程快乐与刺激交加，很开心能参与五校乡村联合毕业设计，这次活动对我个人而言是一次很难忘的经历，让我的能力有了很大的提升。十分感谢我们团队的指导老师，在设计方案上给予我们大量的帮助和指导，让团队最终呈现出的成果更加出彩，还要感谢设计团队的其他几位队友，大家通力合作、共同努力，才有了最后完整的规划成果。城市让生活更美好，乡村让生活更诗意！

骆启蒙

　　本次五校乡村联合毕业设计是一次令我难忘的人生经历。我在老师、村干部的指引下，踏着农民伯伯的足迹，深入田间地头，与不同专业的同学们协同设计，为陆光村振兴贡献自己的绵薄之力。

　　在三个月的日日夜夜里，我们抱怨过，争吵过。怀着为乡村振兴添砖加瓦的初心，我们深刻认识到团队分工合作的重要性。在整个过程中，我们充分发挥个人优势，具体分析场地问题，不断打磨方案，锤炼自我。

　　本次毕业设计使我意识到乡村设计不仅需要建筑师加强对乡村文脉的关注，更需要建筑师耐心倾听村民的生活诉求。探索之路任重而道远，我将继续在乡村设计的道路上前进，为实现乡村振兴尽心尽力。

刘幸宇

我非常荣幸能够参加五校乡村联合毕业设计。通过这次设计，我获得了不少感悟：要将理论与实践相结合，从更细致的角度去思考建筑，哪怕是一点细微的差别对建筑最后效果的影响都是巨大的；真正地以人为本做设计，调查了解使用者的意愿，从实际出发做设计。在以后的学习和工作中，我会多锻炼自己，发现自己的不足，不断地提高自己的水平。

我也非常高兴能够与不同专业的同学一起合作，发挥各自所长。非常感谢同学们的努力付出和老师们的悉心指导！

舒德鼎

从一开始接触这个项目，我就深知这个项目意义重大。陆光村对我而言不仅是地图上的一块区域，更是一个充满生机与希望的家园。深入调研村庄的每一寸土地，与村民们交流沟通，让我真切地体会到他们对美好生活的向往，也让我更加坚定了要为这个村庄做出一份有意义的规划的决心。

整个过程中，我遇到过诸多挑战和难题，从复杂的数据整合到协调各方利益，每一个环节都需要我全力以赴。但正是这些困难，让我不断提升自己的专业能力和解决问题的能力。

通过这次毕业设计，我深刻理解了规划对一个村庄发展的重要性。一个合理的规划不仅能够改善村民的生活条件，还能为村庄带来可持续的发展动力。我也更加明白了团队协作的意义。与老师和同学们的交流探讨，让我的思路不断开阔，使方案不断得到完善。

杨润宙

参与五校乡村联合毕业设计，对我来说是一次宝贵且难忘的经历。来自不同学校的同学们各自发挥专业优势，相互学习、相互启发，共同为陆光村的规划设计出谋划策。

在这次设计中，我体会到了团队合作的重要性，感谢我所在团队成员们的努力和付出，也要感谢老师的悉心指导，让我们在设计过程中不断成长和进步。

这次毕业设计让我深刻认识到，乡村规划设计不仅是对美的创造，更是对自然和人文的尊重与保护。未来，希望我能够带着这份宝贵的经验，继续在乡村规划设计的道路上前行，为更多的乡村带来美好的改变，让乡村文化绽放出更加绚烂的光芒。

李新元

我非常荣幸能够参加五校乡村联合毕业设计。对我来说，这是一次宝贵且难忘的经历。我也非常高兴能够与不同专业的同学一起合作，发挥各自所长。非常感谢老师们的悉心指导和同学们的努力付出！

刘维桐

陆光让人留恋，
六月落笔为终。
过程是风景，
结果是明信片。
山水有相逢，
来日皆可期。

聚环新生，骑乐陆光

——湖北省孝昌县陆光村乡村规划设计

西安建筑科技大学

Xi'an University of Architecture and Technology

聚环新生，骑乐陆光

——湖北省孝昌县陆光村乡村规划设计

参与学生　陈雨欣　梁　晨　王一诺　徐　佳　戴子欣

指导老师　段德罡　李立敏　谢留莎

教师解题

　　陆光村作为鄂北地区平凡而又普通的村落，是当下无数逐渐走向衰败的村庄的代表。随着日渐城市化的发展进程，村庄面临着闲置资源的再利用、产业的转型、老旧设施的改造、过往承载村民记忆的民居的消逝、乡村治理的规范化等一系列问题，如何在合理利用村域的丰富资源的基础上，赋予平凡的村庄以不平凡的未来，是该乡村规划该考虑的问题。

　　陆光村既平凡又不平凡。平凡在于这个村庄存在湖北省甚至全国村庄都存在的乡村发展共同面临的问题，即大量农村资源的浪费、产业结构的不平衡不合理、乡村公共服务设施建设不到位、乡村治理不完善等，每一个问题都不是轻易能够解决好的。不平凡在于这里曾经承载着贸易功能，衔接着孝感市与花园镇。陆山渡槽作为历史保护建筑，与红杉林形成一道靓丽的风景线，吸引孝感市甚至武汉市的游客驱车前来欣赏美景。同时，这片依澴河而生长的村落在周边城市的骑行圈子里小有名声，许多骑行爱好者不畏距离的遥远与道路的崎岖前来体验。此刻，陆光村又是不平凡的。

　　因此，结合陆光村错落有致的村湾地理分布特征，以及镌写着村落回忆的陆山渡槽等，以骑行产业为主导产业带动文旅产业发展。在此基础上，整合各个村湾的闲置资源，完善村域的公共服务设施，结合修缮后的道路系统规划针对骑行人群的骑行专用道，通过交通分流间接解决涵洞拓宽难的问题，并在村民较为集中的村湾推行共同缔造的乡村治理策略，以此来实现陆光村村域内根据人群进行的功能分区，进一步处理好外来游客与本村村民的关系。

　　在此规划设计之下，陆光村将会迸发出巨大的活力，通过骑行的专业化与目标人群的强针对性吸引特定的人群，并逐渐在小圈子赢得口碑。同时，通过共同缔造处理好村民与村庄资源的关系，提升当地村民的生活质量与生活水平。借助文旅结合实现村民、游客与村湾的良性互惠互利，响应实施乡村振兴战略的号召。

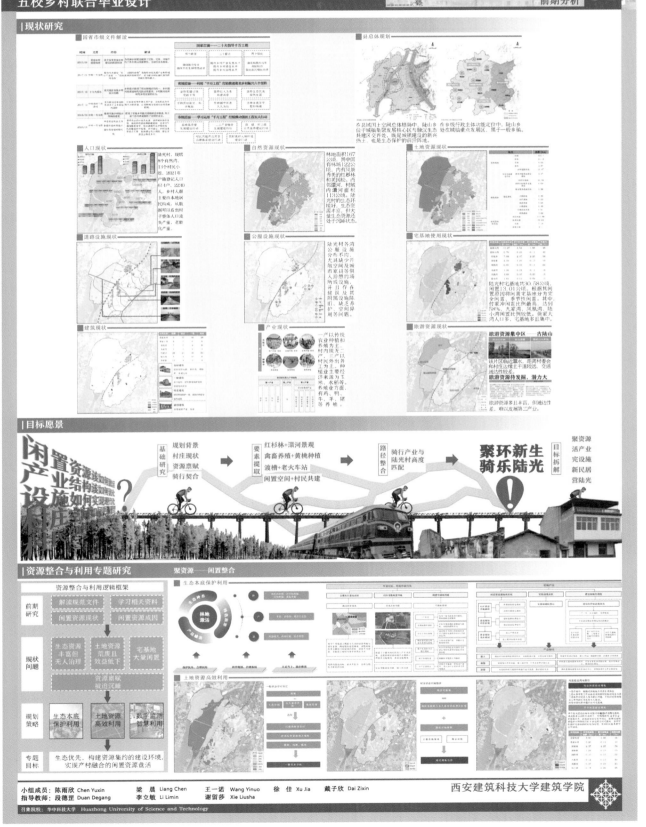

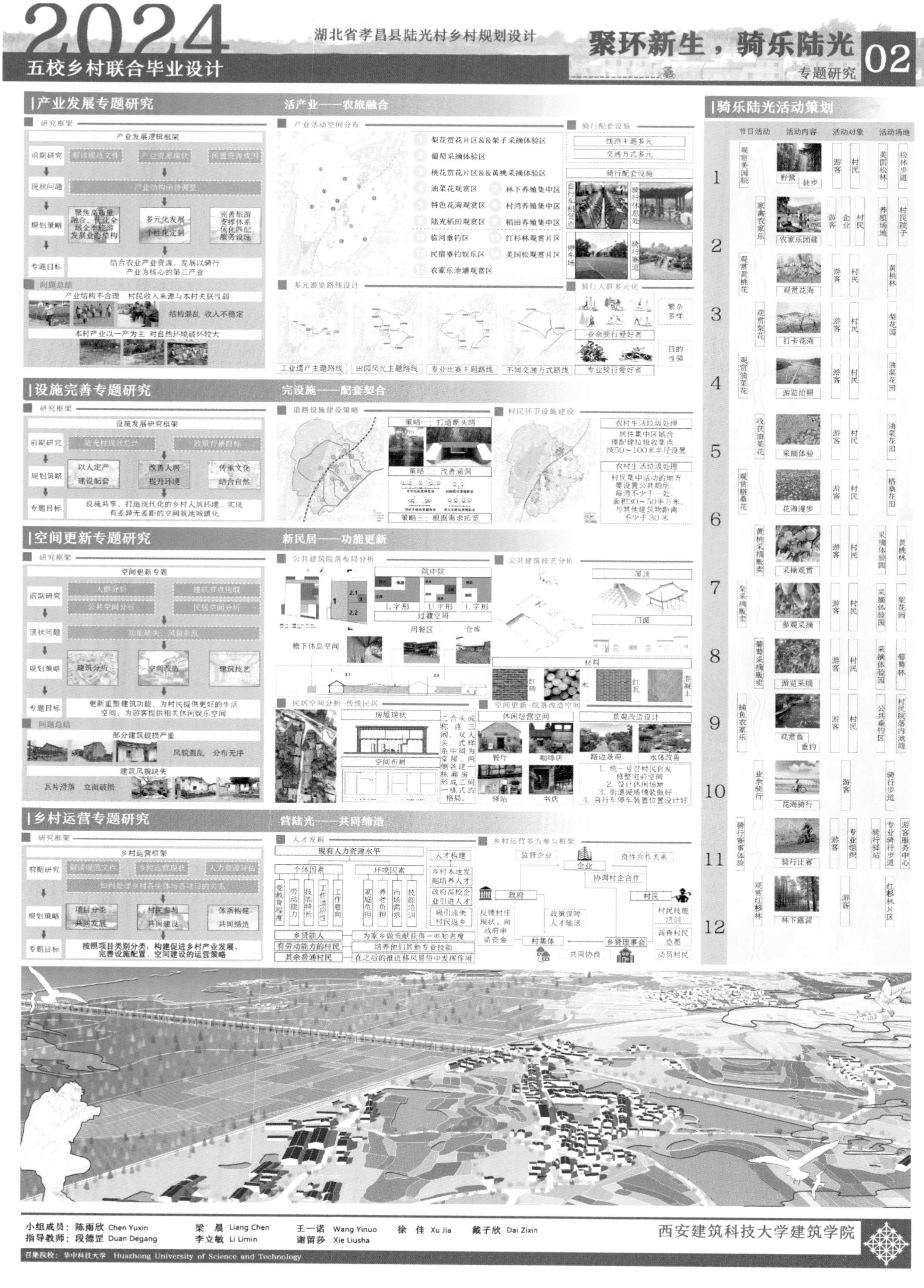

2024
五校乡村联合毕业设计
湖北省孝昌县陆光村乡村规划设计
聚环新生，骑乐陆光
02
专题研究
产业发展专题研究
活产业——农旅融合
研究框架
产业发展逻辑框架
前期研究
现状问题
规划策略
专题目标
产业结构亟待调整
多元化发展
结合农业产业资源，发展以骑行产业为核心的第三产业
问题总结
产业结构不合理 村民收入来源与本村关联性弱
结构混乱 收入不稳定
本村产业以一产为主 对自然环境破坏较大
产业活动空间分布
梨花赏花片区&&梨子采摘体验区
葡萄采摘体验区
桃花赏花片区&&黄桃采摘体验区
油菜花观赏区
林下养殖集中区
特色花海观赏区
村湾养殖集中区
陆光稻田观赏区
稻田养殖集中区
临河垂钓区
红杉林观赏片区
民宿垂钓娱乐区
美国松观赏片区
农家乐池塘观赏区
骑行配套设施
线路主题多元
交通方式多元
骑行休息处
停车场
骑行赛道
多元游览路线设计
骑行人群多元化
繁杂多样
业余骑行爱好者
目的性强
专业骑行爱好者
工业遗产主题路线
田园风光主题路线
专业比赛主题路线
不同交通方式路线
设施完善专题研究
完设施——配套契合
设施发展研究框架
以人定产 建设配套
改善人居 提升环境
传承文化 结合自然
设施共享，打造现代化的乡村人居环境，实现有差异无差距的空间就地城镇化
道路设施建设策略
策略一：打通断头路
策略二：改善涵洞
策略三：根据需求拓宽
村民环卫设施建设
农村生活垃圾处理
农村生活垃圾处理
空间更新专题研究
新民居——功能更新
空间更新专题
人群分析
建筑节点选取
公共空间分析
民居空间分析
功能缺失，风貌杂乱
建筑分析
空间改造
建筑技艺
更新重塑建筑功能，为村民提供更好的生活空间，为游客提供相关休闲娱乐空间
问题总结
部分建筑破损严重
风貌混乱 分布无序
建筑风貌缺失
瓦片滑落 立面破损
公共建筑院落布局分析
院中院
L字形
U字形
过渡空间
用餐区
仓库
檐下休息空间
公共建筑技艺分析
屋顶
门窗
材料
红砖
木
红瓦
混凝土
民居空间分析-传统民居
房屋现状
空间布局
空间更新-院落改造空间
休闲经营空间
景观改造设计
餐厅
咖啡店
驿站
书店
路边景观
水体改善
乡村运营专题研究
营陆光——共同缔造
乡村运营框架
按照项目类别分类，构建促进乡村产业发展、完善设施配置、空间建设的运营策略
人才发展
现有人力资源水平
个体因素
环境因素
人才构建
乡贤能人
有劳动能力的村民
其余普通村民
乡村运营多方参与框架
监督企业
企业
良性合作关系
协调村企合作
政府
村民
村集体
乡贤理事会
共同协商
骑乐陆光活动策划
节日活动
活动内容
活动对象
活动场地
1
2
3
4
5
6
7
8
9
10
11
12
小组成员：陈雨欣 Chen Yuxin 梁晨 Liang Chen 王一诺 Wang Yinuo 徐佳 Xu Jia 戴子欣 Dai Zixin
指导教师：段德罡 Duan Degang 李立敏 Li Limin 谢留莎 Xie Liusha
西安建筑科技大学建筑学院
召集院校：华中科技大学 Huazhong University of Science and Technology

|陆光村总平面设计

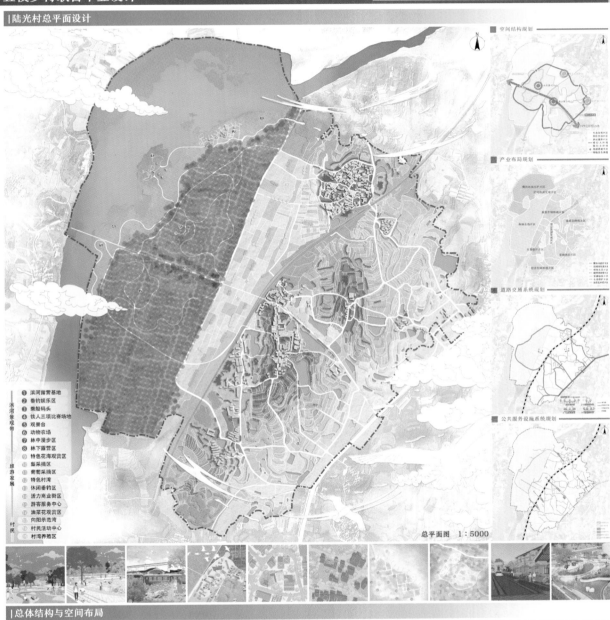

空间结构规划

产业布局规划

道路交通系统规划

公共服务设施系统规划

滨河景观带
① 滨河露营基地
② 垂钓娱乐区
③ 乐船码头
④ 铁人三项比赛场地
⑤ 观景台
⑥ 动物农场
⑦ 林中漫步区
⑧ 林下露营区
⑨ 特色花海观赏区
⑩ 梨采摘区

旅游发展
⑪ 葡萄采摘区
⑫ 特色村湾
⑬ 休闲垂钓区
⑭ 活力商业街区
⑮ 游客服务中心
⑯ 油菜花观赏区

村民
⑰ 向阳示范湾
⑱ 村民活动中心
⑲ 村湾养殖区

总平面图 1:5000

|总体结构与空间布局

土地利用规划

	地类	现状面积(ha)
农林用地	耕地	217.25
	园地	12.87
	草地	7.82
	林地	2.57
农业设施建设用地	乡村道路用地	11.47
	畜禽养殖设施建设用地	2.24
建设用地	农村宅基地	29.21
	农村社区服务设施用地	0.06
	商业服务业设施用地	1.36
	公园绿地	0.35
	采矿用地	0.24
	饮用水源	8.06
	公路用地	0.46
	公用设施用地	0.01
	特殊用地	2.06
水域及水利用地	河流水面	113.88
	坑塘水面	33.04
	沟渠	5.16
	其他土地	0.1
	总面积	449.14

1:20000

陆光村流线规划

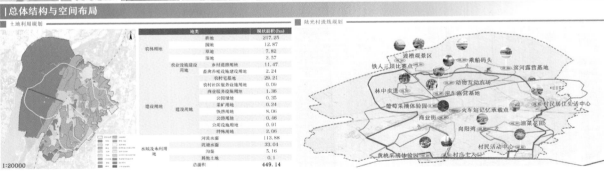

渡槽观景区 乐船码头
铁人三项比赛点 滨河露营基地
林中步道 动物互动农场
葡萄采摘体验园 汽车露营基地
商业街 火车站记忆承载点 村民居住生活中心
黄桃采摘体验园 向阳湾 油菜花田
村民活动中心
村店主大白

小组成员：陈雨欣 Chen Yuxin   梁 晨 Liang Chen   王一诺 Wang Yinuo   徐 佳 Xu Jia   戴子欣 Dai Zixin
指导教师：段德罡 Duan Degang   李立敏 Li Limin   谢留莎 Xie Liusha

西安建筑科技大学建筑学院

答辩院校：华中科技大学 Huazhong University of Science and Technology

|活力商业街节点设计

■ 商业街设计策略

公共空间微改善策略

建筑重建策略

■ 火车站节点效果

|徐家大湾节点设计

■ 徐家大湾设计策略

房屋拆改留

功能分区

■ 徐家大湾设计效果

|村民中心节点设计

■ 村民中心节点效果

体块划定　功能分区　体块削减　立面生成　开口朝向　中心围合　曲线复用　植被引入

小组成员：陈雨欣 Chen Yuxin　梁 晨 Liang Chen　王一诺 Wang Yinuo　徐 佳 Xu Jia　戴子欣 Dai Zixin
指导教师：段德罡 Duan Degang　李立敏 Li Limin　谢留莎 Xie Liusha

召集院校：华中科技大学 Huazhong University of Science and Technology

西安建筑科技大学建筑学院

西安建筑科技大学

梁晨

时光如梭，为期三个月的毕业设计时光转瞬即逝。回顾这跨越半个中国的漫长旅途，从冬末春初我们如约来到武汉，然后出发去孝昌，在毛毛细雨中调研水田与森林环绕的陆光村，观摩着这个承载着古老记忆的村庄。再次相聚华中科技大学已经是四月下旬了，我们怀揣着各自对于陆光村的现状研判意见及关于陆光村未来发展的方案，围坐在一起各抒己见。最后在四季如春的花都——昆明相见，在昆明理工大学的校园中，五校同学介绍自己的方案，希望能为这座平凡的村庄的发展贡献力量，恳切希望陆光村有不平凡的未来！

陈雨欣

很高兴借此次毕业设计的机会来到了陆光村。在这里，我看见了最真实的乡村生活，同时意识到乡村振兴的重要性。村干部和村民用汗水和智慧为乡村带来了翻天覆地的变化。同时，我还意识到，美丽乡村不仅风景如画，而且村民生活质量高，很好地继承和发扬了本土文化。在这里，我感受到了乡村生活的独特魅力和韵味。每一缕阳光，每一阵微风，都仿佛在诉说着乡村的故事。

最后，感谢陆光村干部和村民及参与此次毕业设计的所有人，特别感谢三位指导老师，给我们上好了大学的最后一课。

王一诺

参加本次乡村联合毕业设计，我感到无比荣幸和激动。作为城乡规划专业的一名学生，参与到这样的项目中，不仅是专业上的一次挑战，更是心灵上的一次洗礼。

陆光村位于湖北省，这里山清水秀，民风淳朴，拥有丰富的自然和人文资源。在设计过程中，我深入村落，与当地村民交流，聆听他们的需求和愿望，感受到了他们对美好生活的向往。这使我认识到，乡村规划不仅仅是设计图纸，更是为人们创造一个幸福的家园。每一处细节的设计，都需要考虑到当地的实际情况和村民的生活习惯。

在整个项目中，我学会了如何更好地结合现代设计理念与传统文化元素，在保留乡村独特风貌的同时，提升村民的生活品质和乡村的可持续发展能力。我深知，乡村振兴是一个长期而复杂的过程，需要我们每一个人都付出努力。

这次经历不仅提升了我的专业技能，更增强了我对乡村建设的责任感和使命感。我期待着陆光村在未来能够发展成一个宜居、宜业、宜游的美丽乡村，我也希望能有更多的机会参与到类似的项目中，为乡村振兴贡献自己的力量。

徐佳

参与这次乡村联合毕业设计是一次很有意义的经历。我们来到村子里与村干部和村民进行交流，观察乡村的现状，获得了第一手信息，为下一步的规划做足了准备。这里有丰富的资源值得规划利用。规划的前期准备也很重要。这次的经历让我体会到规划并不是纸上谈兵，更需要实践。

乡村振兴之路还很长，这次的经历让我对乡村规划产生更清晰的认识。农村是我国传统文明的发源地，乡村应该发展成"望得见山，看得见水，留得住乡愁"的美丽家园。

戴子欣

经过数月的努力，我的毕业设计终于落下帷幕。这个过程让我深刻体会到了建筑的魅力与挑战。从最初的构思到最后的呈现，每一步都充满了探索与尝试。我学会了如何平衡美观与实用性，如何在有限的空间内创造无限的可能。这次毕业设计不仅是对我专业知识的检验，更是对我意志和创造力的锻炼。我深感建筑的魅力在于它不仅仅是一砖一瓦的堆砌，更是艺术、技术与生活的完美结合。

古渡今桃，"基因"更兴

—基因融合视角下的乡村规划设计

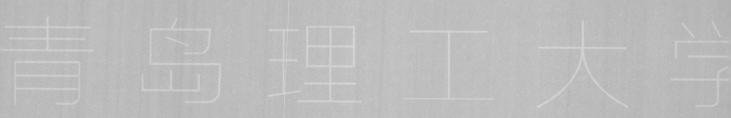

青岛理工大学 Qingdao University of Technology

古渡今桃，"基因"更兴　　　　　　　　——基因融合视角下的乡村规划设计

参与学生　颜铭萱　史浴辰　于佳睿　张雁南　李思雨　张晓龙

指导老师　刘一光

教师解题

　　2024年,我们来到了历史悠久、民风淳朴、孝行昌隆之地——湖北省孝昌县。对于陆光村这个小村庄而言,气势宏伟的陆山渡槽、穿越村庄的京广线不仅是它过去荣誉的勋章,也见证了它的没落。如今畅销全国的锦绣黄桃和入秋层林尽染的红杉林成为引流点,可见产业振兴和文旅融合是陆光村实现乡村振兴,建设成为和美乡村的重要方向。

　　这次的联合毕业设计是一个探讨乡村振兴与和美乡村概念和实践的重要机会。学生们需要深入思考和了解和美乡村的含义,包括其在社会、经济、文化和环境等方面的特点和优势。此外,还需要了解和美乡村的前提和实现途径,包括政策、资金、技术等方面的支持。具体而言,学生们需要考虑如何通过规划来确定村庄的发展目标和方向,如何通过建筑及环境设计来改善村庄的生活和生产条件。对陆光村历史与文化的挖掘,对陆山渡槽、红杉林等特征要素的规划利用,并将这些方面协调地结合起来,以形成一个完整可行的方案,是整个规划设计的关键。因此,对于陆光村而言,探求历史文化的根基,追寻村庄兴衰的原因,正是本次乡村规划设计的切入点,即"古渡新桃换容颜,探根求因谋更新"。

古渡今桃，"基因"更兴 —基因融合视角下的乡村规划设计 壹

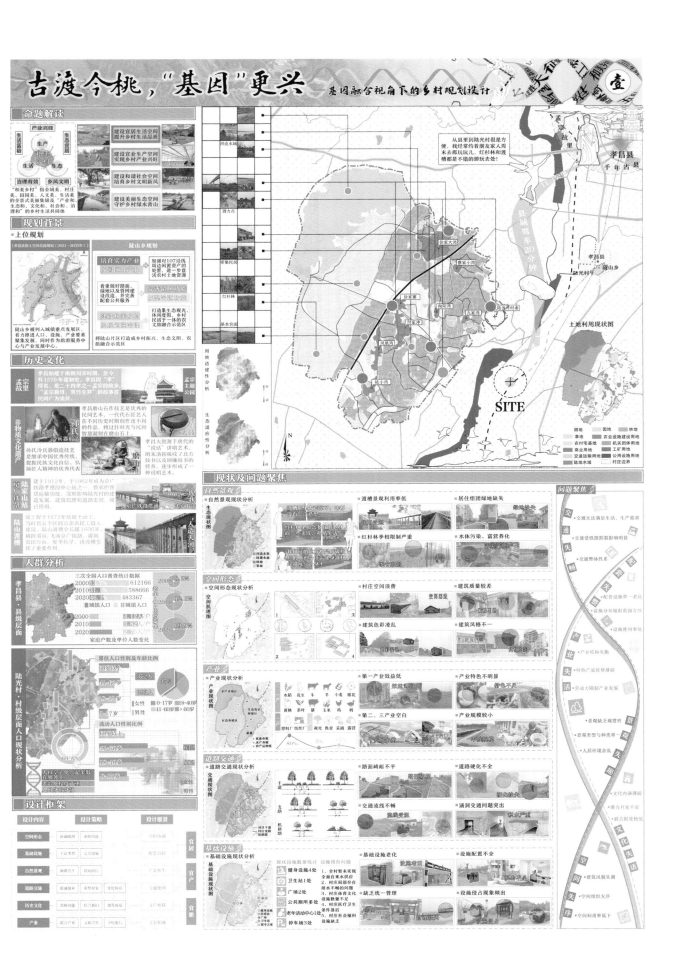

命题解读

"和美乡村"指全域美、村庄美、田园美、人文美、生活美的全景式美丽集镇及"产业和、生态和、文化和、社会和、治理和"的乡村生活共同体

规划背景

上位规划

《孝昌县国土空间总体规划（2021-2035年）》

陆山乡规划

历史文化

孟宗故里

非物质文化遗产

人群分析

孝昌县·县级层面

陆光村·村级层面人口现状分析

设计框架

设计内容	设计策略	设计愿景	
空间形态			宜居
基础设施			
自然景观			宜产
道路交通			
历史文化			宜旅
产业			

现状及问题聚焦

自然景观 — 自然景观现状分析／生态景观现状图
- 渡槽景观利用率低
- 居住组团绿地缺失
- 红杉林毛相限制严重
- 水体污染、富营养化

空间形态 — 空间形态现状分析／空间肌理图
- 村庄空间浪费
- 建筑质量较差
- 建筑色彩凌乱
- 建筑风格不一

产业 — 产业现状分析／产业现状图
- 第一产业效益低
- 产业特色不明显
- 第二、三产业空白
- 产业规模较小

道路交通 — 道路交通现状分析／交通现状图
- 路面崎岖不平
- 道路硬化不全
- 交通流线不畅
- 涵洞交通问题突出

基础设施 — 基础设施现状分析／基础设施现状图
- 基础设施老化
- 设施配置不全
- 缺乏统一管理
- 设施侵占现象频发

问题聚焦

土地利用现状图

- 耕地
- 园地
- 林地
- 草地
- 农业设施建设用地
- 农村宅基地
- 机关团体用地
- 商业用地
- 工矿用地
- 交通运输用地
- 公用设施用地
- 陆地水域
- 村庄边界

SITE

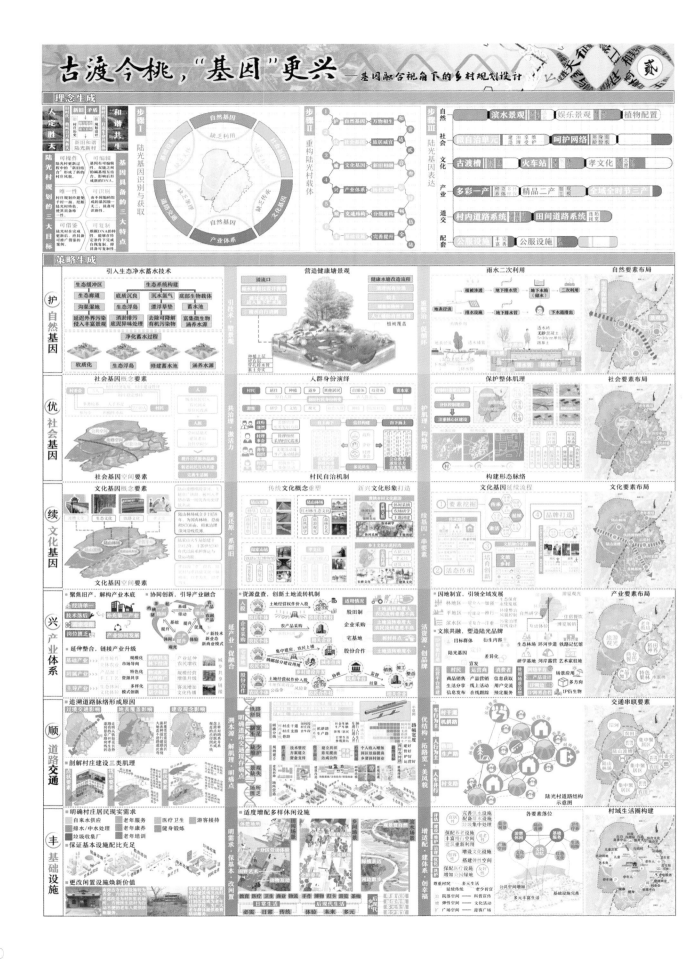

古渡今桃，"基因"更兴——基因融合视角下的乡村规划设计

（叁）

村域规划

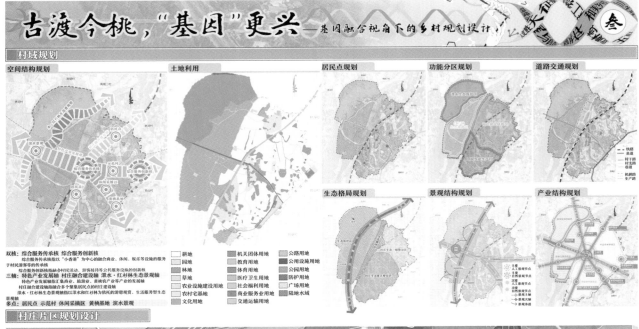

空间结构规划　　土地利用　　居民点规划　　功能分区规划　　道路交通规划

生态格局规划　　景观结构规划　　产业结构规划

双核： 综合服务传承核　综合服务创新核
综合服务传承核指以"小香港"为中心的融合商业、体闲、娱乐等设施的服务
于村民顾客等的传承核
综合服务创新核指结合村民活动、游客接待等公共服务设施的创新核

三轴： 特色产业发展轴　村庄融合建设轴　滨水·红朴林生态景观轴
特色产业发展轴指汇集商业、旅游业、黄桃资产业等产业的发展轴
村庄融合建设轴指以各个聚集居民点的村庄建设轴
滨水·红朴林生态景观轴指以滨水和红朴林为依托的湖想度度、生活服务型生态
景观轴

多点： 居民点　示范村　体闲采摘区　黄桃基地　滨水景观

图例： 耕地　园地　林地　草地　农业设施建设用地　农村宅基地　文化用地　机关团体用地　教育用地　体育用地　医疗卫生用地　社会福利用地　商业服务业用地　交通运输用地　公路用地　公用设施用地　公园用地　防护用地　广场用地　陆地水域

村庄片区规划设计

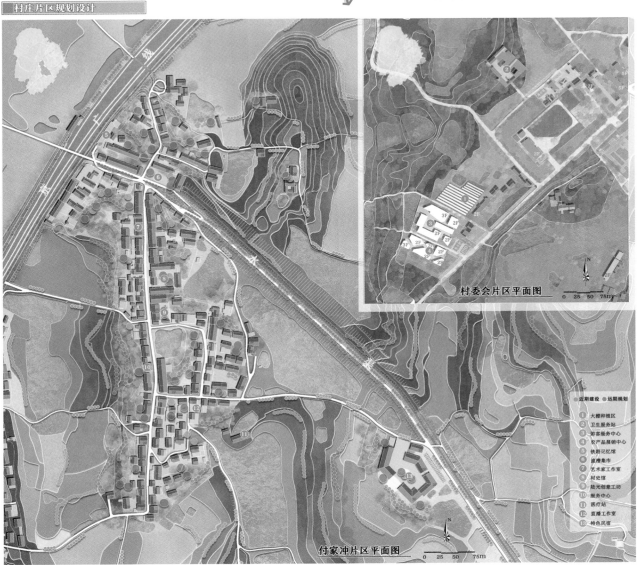

村委会片区平面图　0 25 50 75m

付家冲片区平面图　0 25 50 75m

近期建设　远期规划
1 大棚种植区
2 卫生服务站
3 游客服务中心
4 农产品展销中心
5 铁路记忆馆
6 渡槽集市
7 艺术家工作室
8 村史馆
9 陆光创意工坊
10 服务馆
11 医疗站
12 直播工作室
13 特色民宿

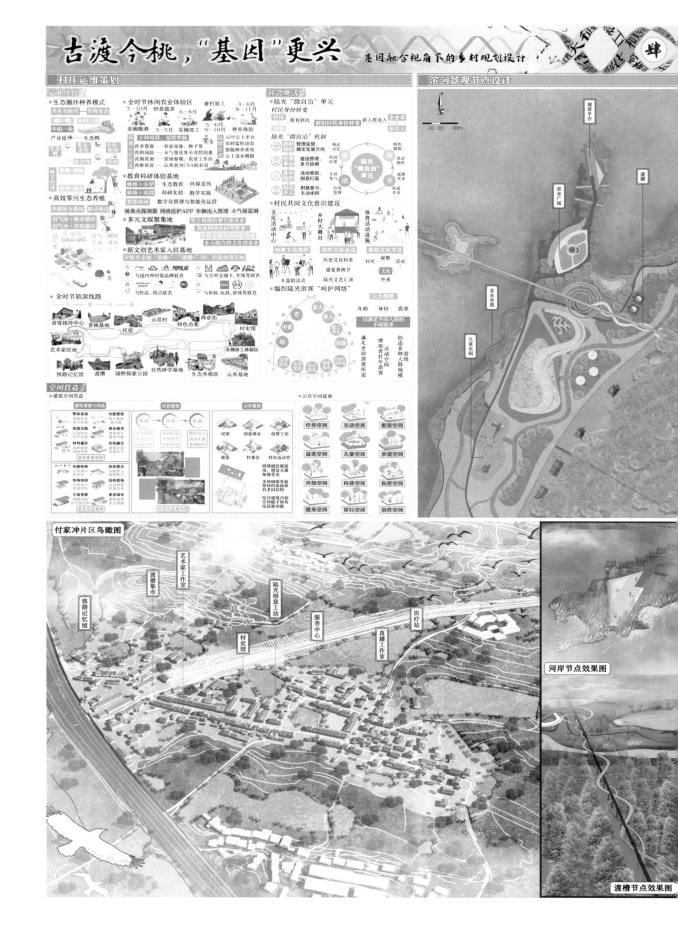

古渡今桃，"基因"更兴 —基因融合视角下的乡村规划设计

村庄运维策划

产业优化

生态循环种养模式

全时节休闲农业体验区

教育科研体验基地

高效零污生态养殖

多元文娱聚集地

新文创艺术家入驻基地

全时节旅游线路

空间营造

建筑空间营造

社会焕活

陆光"微自治"单元

村民共同文化意识建设

编织陆光游客"呵护网络"

滨河景观节点设计

付家冲片区鸟瞰图

河岸节点效果图

渡槽节点效果图

青岛理工大学

颜铭萱

　　在完成乡村规划毕业设计的过程中，我深刻体会到了乡村振兴的重要性和紧迫性。乡村不仅是自然的载体，更是中国传统文化的发源地和传承地。这次联合毕业设计让我认识到规划设计需要兼顾生态保护、经济发展与文化传承的多重目标。在这次毕业设计中，我也认识到了实地调研的必要性。3月份，我走访了湖北省孝感市的多个乡村，深刻了解了不同乡村的发展情况和现状问题，这些第一手资料为我的设计奠定了坚实的基础，也让我开始思考我国乡村发展的共性问题和困境。

　　总之，这次五校乡村联合毕业设计不仅让我提升了实践技能，更让我深刻理解了规划对于乡村未来的深远影响。同时，很开心与来自不同学校的老师、同学一起对中国乡村进行深入的研究探讨，大家在此过程中互相学习，实现了共同进步。我相信，通过不断学习和实践，我们将来一定能够为乡村的可持续发展贡献力量。

史浴辰

　　随着毕业季的到来，本次联合毕业设计也到了尾声。这一跨学科、跨院校的合作项目，不仅是我们五年学习旅程中的一次大胆尝试，更是对我们所学知识与技能的一次全面检验。在这段共同探索的旅程中，我们跨越了学科的界限，融合了不同学校的智慧，共同编织了一匹知识的织锦。每一次的调研、每一次的讨论、每一次的挑战，都是对我们学术素养和团队协作能力的深刻考验。如今，回首这段历程，我们不仅收获了宝贵的知识和经验，更收获了深厚的友谊和难忘的回忆。这段经历将成为我人生旅途中的一笔宝贵财富，激励我在未来的道路上继续前行，不断探索，勇攀学术高峰。

于佳睿

　　我至今仍无法忘记陆光村的荒芜，初到此地时，首先看到的是荒废的土地、废旧乃至倒塌的土砖房，而人烟与人声稀少……在这里鲜见村民，偶尔遇到三两村民，都是老人。他们大多沉默不语，迷茫无措，坐在巷口门前，似乎在等待家人团聚。像陆光村这样的乡村还有多少呢？乡村里面又住了多少这样的村民呢？我真诚地希望规划可以给无数个陆光村这样的村子带来幸福和富裕，帮助乡村发展成宜居宜业和美乡村。

张雁南

　　非常荣幸能够参加此次五校乡村联合毕业设计。这不仅是一次学术与实践的交融，更是一次对乡村发展、文化传承和社会责任的深度思考与探索。

　　此次联合毕业设计项目汇集了五所学校的学子。我们共同肩负着为乡村注入新活力、推动乡村可持续发展的使命。在联合毕业设计这个平台，我们发挥出各自的专业优势，通过实地考察、深入调研、创新设计等，为乡村的未来描绘出一幅幅充满希望的蓝图。

　　最后，感谢五校各位老师的悉心指导，感谢来自不同高校同学们的支持陪伴，感谢同组队友的包容鼓励，感谢你们与我一起为我的大学生活写下了绚烂而完美的终章。

李思雨

参加这次联合毕业设计令我受益匪浅。实地调研期间，我有机会走进乡村了解现状，并与村民以及驻村干部等交流沟通，进一步了解乡村的需求。在进行规划设计的过程中，我得到了许多来自五所学校老师和学生的指导与帮助，在专业层面拓宽了思路。通过这次联合毕业设计，我开始关注乡村振兴的发展工作，希望今后能够为乡村振兴贡献力量。

张晓龙

这次联合毕业设计不仅是对我们学习成果的检验，更是对我们团队协作能力、创新能力及实践能力的综合考验。

在此过程中，我遇到了来自不同专业背景的同学。大家虽然背景各异，但有着共同的目标和追求。回顾联合毕业设计的整个过程，它让我更加深入地理解设计不仅要创造美的空间，更要营造自然和谐共生的环境。

大事记

BIG EVENTS

一、毕业设计开题仪式和现场调研

（一）前言

五校乡村联合毕业设计联盟是由华中科技大学、西安建筑科技大学、昆明理工大学、青岛理工大学、南京大学五校多个专业组建的专门以乡村为对象的毕业设计联盟，针对全国各地的乡村轮流举办乡村联合毕业设计，每年选择三个乡村作为教学研究与实践基地，致力于对不同地域乡村发展、保护、规划、建设展开以研究为基础的毕业设计教学工作。

五校乡村联合毕业设计于 2015 年从华中科技大学启航，联盟本着"不只是进行毕业设计教学，还要展开全面广泛的乡村研究"的宗旨，让师生深入乡村，与村民充分交流，深刻了解乡村，将教学活动搬到"乡村大课堂"，通过理论结合实际的研究和探讨，让毕业设计成果能够切实为乡村发展提供思路启迪。

联盟至今走过十年的历程，历届参与师生囊括建筑学、城乡规划和风景园林专业，地域上包含西北、华中、西南、华北等地区，搭建了一个多学科、跨地域、多元参与的广泛交流平台。今年以"千年昌隆里·人文荟萃乡"为主题，强调乡村规划建设既要见物也要见人，既要塑形也要铸魂，既要抓物质文明也要抓精神文明，实现乡村由表及里、形神兼备的全面提升。

2024 年度全国五校乡村联合毕业设计湖北省孝昌县基地启动仪式

本次联合毕业设计以湖北省千年古县孝昌县三个具有不同历史文化资源特色的村镇为对象，以乡村文化振兴和共同缔造为目标，旨在通过深入的调查研究，让学生充分认识中西部地区全面实施乡村振兴战略和推进乡村建设过程中呈现出的新特征和面临的新问题，以及关于乡村土地利用、建筑设计以及景观风貌的新需求和新目标，进而通过参与式村庄规划、在地性建筑设计与乡土景观营造，让学生从务实和创新两个角度为建设宜居宜业和美乡村进行规划设计思考并设计方案，以综合训练学生解决实际问题的能力。

五校乡村联合毕业设计师生合影

（二）2024 年五校乡村联合毕业设计开题仪式

3 月 2 日上午，五校乡村联合毕业设计开题仪式在华中科技大学建筑与城市规划学院南四楼 N100 会议室正式拉开帷幕，由华中科技大学洪亮平教授主持，共百余名师生参加此次活动。

2024 年五校乡村联合毕业设计开题仪式

　　嘉宾致辞环节，华中科技大学建筑与城市规划学院院长黄亚平教授向五校乡村联合毕业设计联盟师生致以热烈的欢迎，对五校乡村联合毕业设计十年的发展历程和成果给予充分肯定。

黄亚平教授致辞

　　随后由华中科技大学城市规划系系主任刘合林教授、西安建筑科技大学段德罡教授、昆明理工大学建筑工程学院党委书记杨毅教授、青岛理工大学刘一光系主任、南京大学徐逸伦教授等各校代表依次致辞，回顾了五校乡村联合毕业设计十年来的点滴故事，激励各校学子利用联合毕业设计的平台不断提升专业能力。

各校代表致辞

各校代表致辞（续图）

最后，由华中科技大学建筑与城市规划学院党委书记李小红发表致辞，她表示五校乡村联合毕业设计始终与祖国乡村的发展联系在一起，动情讲述了华中科技大学建筑与城市规划学院党员先锋服务队十六年来持续到祖国需要的地方送规划、送设计的故事，鼓励同学们将联合毕业设计与课程思政结合起来，以扎实的专业学识为当地乡村振兴作出贡献。

华中科技大学建筑与城市规划学院党委书记李小红发表致辞

（三）五校乡村联合毕业设计调研启动会

开题仪式结束后，五校师生共同乘车前往本次设计基地孝昌县，在孝昌会堂举办五校乡村联合毕业设计调研启动会。

启动会由孝昌县副县长杨金波主持，孝昌县副县长黄艳红对五校师生深入孝昌县开展乡村毕业设计表示热烈的欢迎和衷心的感谢。副县长黄艳红详细介绍了孝昌县的基本情况，她寄语孝昌县的乡村能借助五校师生的力量发展得更好。孝昌县自然资源和规划局局长吴红俊从县域、县城、乡镇和村庄四个层面向在场师生介绍了孝昌县规划建设情况。

五校乡村联合毕业设计调研启动会

李小红书记回顾了华中科技大学与孝昌县人民政府在人才培养、脱贫攻坚与乡村振兴工作中结下的深厚情谊，对孝昌县为本次联合毕业设计提供的支持表示感谢。华中科技大学城市规划系支部书记任绍斌对本次五校乡村联合毕业设计的选题背景、调研工作、成果要求等作具体说明。

华中科技大学李小红书记发言

　　随后，西安建筑科技大学段德罡教授为孝昌县乡镇干部和在座师生以"'千万工程'，我们该学什么"为题，做了开题调研专题讲座报告。报告中指出"千万工程"的背景以及城乡关系视角下"千万工程"的内在逻辑，为中部地区的乡村如何学习"千万工程"提供思考指引，帮助地方村镇干部和同学们拓宽学习"千万工程"思路。

西安建筑科技大学段德罡教授发言

　　最后，湖北省规划设计研究总院有限责任公司陈涛院长以"乡村让人更向往——湖北省乡村建设指引解读"为题，为湖北省实施乡村建设行动提供技术引领，帮助五校师生了解湖北省乡村建设的政策背景与具体要求。

湖北省规划设计研究总院有限责任公司陈涛院长发言

（四）孝昌县博物馆、文化馆及美丽乡村考察调研

3月3日上午，在孝昌县人民政府、孝昌县自然资源和规划局的组织下，五校师生观摩了孝昌县的美丽乡村示范点，了解了曹砦村、青山村等美丽乡村示范点建设成效和发展模式。这些示范乡村或是利用优越的自然条件打造水乡曹砦，或是依托知青下乡的共同记忆建设知青村，或是活用茶山草场塑造成城市消费场景下的网红打卡村落，共同绘就了一幅乡村振兴、富民强村的多元秀美画卷。学生杨美琳感慨道："这些乡村的发展变化让我对乡村的未来充满憧憬，并为后续的规划设计提供了很好的经验借鉴。"

五校师生参观县域美丽乡村示范点

五校师生参观县域美丽乡村示范点（续图）

五校师生参观县域美丽乡村示范点（续图）

中午时分，师生前往孝昌县博物馆和孝昌县文化馆进行参观。讲解员带领师生深入了解孝昌县的人文历史和文化传承，帮助同学们以更开阔的视野认识孝昌县的乡村。

（五）进入乡村

3月3日下午开始，五校师生分为三组分别前往小河镇小河溪社区、陡山乡陆光村、小悟乡项庙村进行实地调研。各调研小组在镇、村领导的带领下走进各村的特色资源空间，在小河溪社区的明清古街、陆光村的渡槽和红杉林、项庙村的新四军第五师活动地留下了足迹。各组成员还走进村湾，通过文献阅读、人物访谈等方式，完成了土地利用、建筑质量、产业构成、历史文化资源等资料的收集，深入思考村庄的发展困境和后续规划整治的方向。

五校师生入村调研

五校师生入村调研（续图）

五校师生入村调研（续图）

（六）调研汇报

在实地调研过程中，五校师生深入村庄开展田野调查，全面了解村情村貌和乡村社会经济发展情况，为后续 2 个月的毕业设计提供了有力支撑。3 月 6 日上午，五校师生在各村村委会集体汇报了规划调研与初步概念方案。各村书记、村民代表和驻村工作队同志参加了调研汇报，并为五校师生后期毕业设计的深化和重点切入提供了有效指导。

五校师生入村调研合影

（七）致谢

感谢孝昌县人民政府和小河镇、小悟乡、陡山乡政府的大力支持，最后感谢小河溪社区、项庙村、陆光村两委干部、驻村工作队和当地乡亲对同学们的热情招待和帮助。

二、乡建十年——乡村毕设教学实践回顾与展望

中国城市规划学会乡村规划与建设分会联合华中科技大学建筑与城市规划学院，于 2024 年 4 月 20—21 日在湖北省武汉市举办"乡村规划教育学术论坛——五校乡村规划联合毕业设计十周年"活动，五校毕业设计团队师生、中国城市规划学会乡村规划与建设分会委员及其他受邀专家等参与了此次活动。

在此整理了报告《乡建十年——乡村毕设教学实践回顾与展望》，回顾和展示乡村规划教育过去十年的探索与实践，并展望未来发展方向。

段德罡
西安建筑科技大学建筑学院教授，中国城市规划学会乡村规划与建设分会副主任委员、中国城市规划学会学术工作委员会委员

（一）乡村联合毕业设计教学实践回顾

"犹记得 2014 年我与华中科技大学李晓峰教授乘机前往昆明理工大学，在途中聊起了一些教学方面的事情，我俩当时都是各自学院管教学的副院长。那些年我促成了好几个校际联合毕业设计项目，适逢国家全面推进美丽乡村建设，深以为需要一个专门针对乡村的毕业设计联盟来满足国家对乡村规划设计建设人才的需要。我同李老师谈了我的想法，他很认同。我们想邀昆明理工大学一起，组建一个跨越华中－西北－西南的乡村毕业设计联盟。到了昆明理工大学，见到时任教学副院长的杨毅教授，三人一拍即合，'中西部铁三角'的框架就此形成。后经三个学院领导的正式磋商，决定由华中科技大学来举办第一届乡村联合毕业设计。第二届时，青岛理工大学在王润生教授的带领下加入进来；第七届时，南京大学罗震东教授以观察员身份考察了在西安举行的联合毕业设计，并在第八届时率队正式加入了联盟。自此，覆盖东、西、南、北、中的五校乡村联合毕业设计联盟正式形成。"

1. 五校乡村联合毕业设计联盟概述

乡村是不同于城市的又一大人类聚居的场所，有很强的地域性特征。为了扩大学生对不同地区乡村的接触面，2014 年，华中科技大学、昆明理工大学、西安建筑科技大学组建了乡村毕业设计联盟，青岛理工大学、南京大学相继加入，五校基于三专业（城乡规划、建筑学、风景园林）针对华中、西北、西南、华东、东南地区的乡村轮流举办联合毕业设计，每年选择不同类型的乡村作为教学研究基地。

联盟本着"不只是进行毕业设计教学，还要展开全面广泛的乡村研究"的宗旨，致力于对不同地域乡村保护、发展、规划、建设展开以研究为基础的毕业设计教学工作。教学过程中开展一系列学术交流活动，在教学结束后会将毕业设计成果结集出版。学术平台的搭建，增强了区域间的相互交流学习，加强了学生对乡村规划设计相关理论、方法的学习。

华中科技大学 建筑与城市规划学院　昆明理工大学 建筑与城市规划学院　西安建筑科技大学 建筑学院　青岛理工大学 建筑与城乡规划学院　南京大学 建筑与城市规划学院

乡村联合毕业设计联盟五校标志

2. 乡村联合毕业设计十年历程回顾

宗旨既定，自趋正轨。自2015年举办第一届乡村联合毕业设计以来，师生们坚持走进乡村，历经十载走过荆楚大地、魅力云南、厚重关中、齐鲁之邦……40余名老师、600余名学生参与，积累了许多宝贵经验

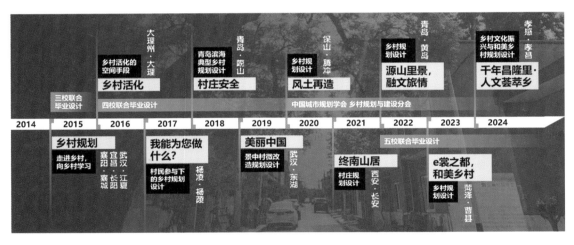

乡村联合毕业设计十年历程

2015年【乡村规划】走进乡村，向乡村学习——城乡规划、建筑学与风景园林专业三校联合毕业设计。

释题： 相较于城市规划，乡村规划对于大多数师生而言仍然是一个陌生的领域。如何研究乡村，如何编制乡村规划，如何推进乡村建设，这些都是我们需要进一步研究的问题。因此，在乡村规划的主题下首届乡村联合毕业设计提出了"走进乡村，向乡村学习"的宗旨，意在倡导务实、谦逊的工作态度和深入田野的工作方法。

"2015年，我们持着审慎的态度开始

2015年毕业设计基地——湖北三地乡村景象

了第一届乡村联合毕业设计，将主题定为'走进乡村，向乡村学习'。由于联盟提前有约定，要在毕业设计选址上尽量体现差异性，因此华中科技大学费心为我们准备了三个分布很分散的基地，以至于三个大组在整个过程中几乎没能碰面。"

2016年【乡村活化】乡村活化的空间手段——城乡规划、建筑学与风景园林专业四校联合毕业设计。

释题：随着工业化、城镇化的快速发展，乡村衰落、消失的现象日益加剧，如何活化乡村，使之焕发生机成为乡建的重要主题。"活化"是本次毕业设计的主旨。"活化"从词义来说意味着一个过程，从词性来说昭示着一个行动，其虽非官方语言，但与"保护发展"一样具有现实的针对性。乡村的保护发展与"文物保护"不同，它更有操作空间，可通过产业规划、空间规划和建筑改造的手段挖掘传承乡村特色与文化，像流通毛细血管一样重新让乡村充满活力。

2016年毕业设计基地——洱海西岸三村景象

"第二年乡村联合毕业设计联盟吸纳了位于华东地区的青岛理工大学，扩展了联盟涉及的地域范围，也增加了联盟的多样性。

"考虑到联合毕业设计各环节需要四校师生沟通交流和交叉配合，这一年云南的三组毕业设计基地就选在了同在洱海西岸的三个村庄。昆明理工大学出的题很有建筑学特色——'乡村活化'，其实我一直觉得云南的村庄'活'得很好，因此，需要'活化'的只是一些闲置空间，而并非村庄本身。"

2017年【我能为您做什么？】村民参与下的乡村规划设计——城乡规划、建筑学与风景园林专业四校联合毕业设计。

释题：在乡村规划中，村民的利益如何保障呢？作为规划师、设计师，我们应深入乡村，提供观念、技术上的支持。本次毕业设计恪守"以村民为本的乡村规划设计"的理念，师生将真正走入乡村，吃住在村民家中，基于深度的乡村体验、村民意愿调查，做可落地的乡村规划设计；同时激发村民的参与意识，发挥村民在家园建设中的主体地位。

2017 年毕业设计基地——杨陵三村景象

　　"2017 年毕业设计来到了我们陕西，谈及西部乡村，人们通常认为其大多处在生态脆弱区域，与中东部地区相比发展是滞后的。但杨陵的乡村有别于西部地区的其他乡村，甚至可以称作中国乡村发展的典范。杨陵是国家农业高新技术产业示范区，在区政府、农业科研机构等的帮扶下，杨陵村庄的老百姓安于农业、归于农田，对农业生产的价值有深度发掘的意识，也依靠现代农业获得了高于全国平均水平的人均收入。

　　"彼时，杨陵已经经历了一轮美丽乡村建设，但结果不尽如人意，我们经常谈及的'涂脂抹粉'等粗制滥造的规划设计现象，在杨陵村庄中比比皆是。杨陵区委区政府努力探寻着杨陵美丽乡村建设的方法，而对于我们规划设计人员来说，必须回归到乡村规划的基本问题，例如乡村到底是谁的？乡村规划设计到底为谁服务？带着对这些问题的思考，我们将这一年的选题定为'我能为您做什么？'，倡导在规划设计过程中充分调动村民的主观能动性。

　　"三月初的关中村庄极寒，为真正实现'村民参与'，四校师生分散在三个基地开展了驻村调研，一些人住在村民家里。有一组老师被安排在用铁皮搭建的幸福院里，条件极为简陋，硬板床、没有取暖设备，水管被冻得拧不出水，几位老师冻得无法入睡，只好搬去了镇上旅馆。

　　2018 年【村庄安全】青岛滨海典型乡村规划设计——城乡规划、建筑学与风景园林专业四校联合毕业设计。

　　释题：　"安全"是我国国家战略中的重要一环，城乡关系、乡村文化、乡村生态环境等均与总体国家安全观有不同程度的联系，乡村社会已成为国家安全的重要组成部分。党的十九大报告提出实施乡村振兴战略，因此将乡村安全与乡村振兴相结合成为此次乡村规划的重点。乡村面临的首要的安全问题是生态安全和粮食安全，而具体落实到村庄层面则更关注物质空间安全和精神空间安全。物质空间安全主要指基于乡土社会的空间与防卫安全、建筑质量安全、景观生态安全等，精神空间安全主要指现代乡土社会由封闭向开放转型中的心理安全

　　"2018 年青岛理工大学把我们带到了青岛滨海的三个村庄，探讨滨海村庄的安全问题。其中，山里的村庄也是开放的，因为设有地铁站点。'村庄安全'涵盖了从国家到个人，从物质到精神的一切安全需求，它警醒我们：村庄看似简单，但要把一切都做好很难，我们没有能力解决好所

有问题。

　　"至此，每所学校都进行了一次命题工作，联盟完成首轮收官。"

2018 年毕业设计基地——青岛滨海三村景象

　　2019 年【美丽中国】景中村微改造规划设计——城乡规划、建筑学与风景园林专业四校联合毕业设计。

　　释题：党的十九大报告指出加快生态文明体制改革，建设美丽中国。"景中村"为地处各类风景区范围内的乡村（村庄），具有"景"与"村"的双重属性，既是风景名胜区的重要组成部分，也是乡村的一种特殊存在形式。景中村在其社会经济发展和空间环境建设上具有局限性与独特性。本次毕业设计基于"美丽中国"的战略背景，围绕武汉的城景融合地区——"景中村"的社会经济发展和物质空间环境微改造展开。

2019 年毕业设计基地——东湖三村景象

"2019 年，再次来到了武汉，可能因为第一年的基地过于分散，这一次华中科技大学把大家集中到了东湖景区里的一个社区——桥梁社区，选了三个自然村湾作为基地。'景中村'的命题在当时提出乡村振兴和城乡融合的背景下是极具价值的，桥梁社区既是武汉城市的一部分，也是景区的一部分，更是世世代代生活在此的老百姓的家园。"

2020 年【风土再造】乡村规划设计——城乡规划、建筑学与风景园林专业四校联合毕业设计。

释题：风土，是一个地方特有的自然环境、风俗和习惯的总和。长期以来，人们为了适应和提升"土"而不断形成和发展着"风"，并以相对稳定的传统生活方式和空间模式传达出来。当下的生活方式和社会空间都发生了很大的变化，许多风土传统也失去了生存的土壤。那么，传统是否就全然失去了存在的意义呢？这里面是否有可合用或活用于当下的部分呢？这样的活用，不仅存续于当下，而且昭示着未来，因而确定了本次毕业设计的主题——风土再造。

2020 年毕业设计基地——清水乡中、东、北片区三村景象

"2020 年的主题是'风土再造'，选址为腾冲市清水乡。我是云南人，腾冲是我生长的地方，我和联盟期待了一整年，希望在此相聚，让我们放下城市里的纷繁琐事，来到这个完美延续传统、自成一体的地方，传承'风土'并创造出腾冲式的简单的乡村幸福场景。

"但是很遗憾，突如其来的疫情打乱了节奏，毕业设计教学不得不以'网课'的形式完成，教学组将工作重心上移，把镇域规划作为教学重点。其间我还和王老师专程跑到清水乡直播，帮助学生做调研，但现场的体验与感受毕竟无法替代，我告诉学生深入细致的现场调研是规划设计的底线，不要以为不到现场也可以做出合格的设计。

2021 年【终南山居】村庄规划设计——城乡规划、建筑学与风景园林专业四校联合毕业设计。

释题：从古至今，安居乐业皆作为一种生活目标和治理目标而被广泛关注。安居关系人民幸福，乐业就是民生根本。然而，随着我国现代化事业的深入，落后、衰退的乡村正在成为制约我国实现现代化强国目标的短板，如何破解困境，让村民真正实现"以农为业，以村为家"，是我们不得不面对的课题。生态文明建设理念下生态保护与乡村发展如何协调，城乡融合背景下乡村如何在保持乡土特色的前提下融入都市圈并支撑国际化大都市的发展战略，乡村振兴战略目标下乡村现代化发展与传统文化传承如何协调，则是终南山下村庄面临的三大问题。

2021年毕业设计基地——杜角镇村三村景象

"2021年毕业设计又回到陕西，这一年是2019—2021年这三年里唯一顺利开展线下教学的一年。杜角镇村的三个自然村各具特色，作为西安周边、终南山脚下的村庄面临着三大挑战。

"这一年，南京大学的罗震东教授作为观察员参与了整个毕业设计过程，并决定在下一年正式加入，变'乡村四校'为'乡村五校'。同时联盟正式投入中国城市规划学会乡村规划与建设分会的怀抱，分会为联盟提供了学术指导，也增强了联盟在学界的影响力。"

2022年【源山里景，融文旅情】乡村规划设计——城乡规划、建筑学与风景园林专业五校联合毕业设计。

释题：《乡村振兴战略规划（2018—2022年）》中明确提出："顺应城乡居民消费拓展升级趋势，结合各地资源禀赋，深入发掘农业农村的生态涵养、休闲观光、文化体验、健康养老等多种功能和多重价值……实施休闲农业和乡村旅游精品工程，发展乡村共享经济等新业态"。贯彻落实党中央决策部署，需围绕农业增效、农民增收、农村增绿，积极探索推进农村经济社会全面发展的新模式、新业态、新路径，逐步建成以农民合作社为主要载体，让农民充分参与和受益，集循环农业、创意农业、农事体验于一体的美丽乡村。

2022年毕业设计基地——杨家山里三村景象

"2022 年在青岛杨家山里的毕业设计让我们接触到了一个特别的概念——管区，管区是介于乡镇与村级治理单元之间的非正式行政基本单元，其实中华人民共和国成立以来，国家一直重视基层治理体系建设，作出了很多探索，其中就包括管区、农村牧区、林区社区、生态农场等，这些做法为我们今天继续推动国家治理体系现代化提供了启示。"

2023 年【e 裳之都，和美乡村】乡村规划设计——城乡规划、建筑学与风景园林专业五校联合毕业设计

释题： 党的二十大报告明确提出要加快建设网络强国、数字中国，全面推进乡村振兴，建设宜居宜业和美乡村。数字乡村既是建设数字中国的重要内容，也是全面推进乡村振兴的重要方向和路径。近年来，"淘宝村"的乡村电子商务蓬勃发展，以庭院为主要载体的空间发展模式难以为继，生产加工、交易展示、设计研发等功能的不断涌现给乡村、小城镇的土地利用、交通组织等带来巨大压力。与此同时，富裕后的村庄住房、基础设施、公共服务、环境风貌等现代化改造问题，亟须规划设计予以系统解决，创造数字乡村的民居建筑与景观风貌特色。

2023 年毕业设计基地——曹县三村景象

"2023 年毕业设计由南京大学主办、罗教授出题，选的地点是被称作'宇宙中心'的山东曹县，一个身处南京的院校，不在南京周边或江苏省内选择题目，而是把我们再度拉回山东，让青岛理工大学的老师们一度认为他们还是东道主。

"曹县大集镇的淘宝村突破了我们对乡村的一贯认知，这里的村子与镇区几乎分不出边界，村里都有极其精彩的创业故事，也都有积极谋求发展的带头人，村庄产业兴旺，村民踏实肯干、赚得盆满钵满，但生活的富裕没有唤起他们对美好空间品质的追求。在这里，公共空间毫无章法可言，各种建设破坏了曾经的渠系，形成大大小小的污水塘，老百姓家里几乎没有落脚空间，屋内院里堆放着各种原材料、加工好的演出服，生产空间、仓储空间、直播空间几乎占据了所有的生活空间……当然，我们也发现了一些独到之处，这里富有各种基于乡土文化＋现代文明的非正规规则，比如自然而然形成的合作意识及产业分工体系，还有镇村街巷'混而不乱'的交通……完全不一样的乡村呈现在我们面前，给我们带来了很大的挑战，以及很多的思考和收获。"

2024 年【千年昌隆里·人文荟萃乡】乡村文化振兴与和美乡村规划设计——城乡规划、建筑学与风景园林专业五校乡村联合毕业设计。

释题： 党的二十大报告中强调"建设宜居宜业和美乡村"。乡村建设既要见物也要见人，既要塑形也要铸魂，既要抓物质文明也要抓精神文明，实现乡村由表及里、形神兼备的全面提升。乡村文化振兴是推进乡村建设的内生动力来源，需传承创新优秀传统文化、用文化创意点亮乡村之美、以文化融合激发乡村活力、发展文化产业助力乡村富裕、提升乡村居民文化素养、保障乡村永续发展。以农村人居环境整治提升、乡村基础设施建设、基本公共服务能力提升等为重点，有力有序推进乡村建设。

2024 年毕业设计基地——孝昌三村景象

"乡村联合毕业设计 2015 年由华中科技大学开始主办，很巧，在 2024 年——十周年的节点又回到了华中科技大学。感谢华中科技大学今年为我们选了非常合适、各具特色与魅力的三组基地。"

（二）乡村联合毕业设计教学实践总结

党的十八大以来，中央从党和国家事业全局出发、着眼于实现"两个一百年"奋斗目标，坚持把解决好"三农"问题作为全国工作的重中之重，打赢了脱贫攻坚战，历史性地解决了绝对贫困问题，并实施乡村振兴战略，推动农业农村取得历史性成就、发生历史性变革。全国乡村人居环境明显改善，农村改革全面深化，乡村产业蓬勃发展，精神文明扎实推进，治理效能稳步提升。

乡建十年，亦是乡村教育十年。十年来，正是全国乡村规划建设成就了乡村联合毕业设计，联盟的茁壮成长离不开国家政策引领和地方实践推动。与此同时，乡村联合毕业设计也助力了全国乡村发展，为各地乡村建设培育了专业人才，提供了智力帮扶。可以说，这是全国乡村规划建设实践与高校教育研究相结合的一个有益尝试。

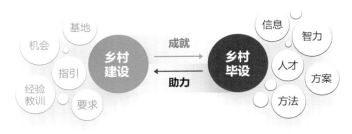

乡村建设与乡村毕设的互动关系

乡村建设与发展的时代掠影

1. 这十年，我们与时代同频共振

乡村联合毕业设计选题始终与时代社会同向同行，在把握乡村发展趋势中顺势而为。

　　首先，乡村联合毕业设计在每年的三组选址上涉及从城边、水边到山区，从传统到现代的多类型、跨时空乡村，体现了对差异性与相关性的融合，以及对地域性与普遍性的兼顾。例如 2015 年三组选址分别为大都市周边地区、山地丘陵地区和平原河网地区的镇域 – 村域 – 村湾，2024 年三组选址分别为镇区、山区和平川地区具有不同历史文化资源特色的村庄，既突显了发展条件上的差异性，又有形态、资源特色等方面的相关性；2016 年、2020 年云南民族特色村寨和 2023 年"淘宝村"的选址则分别显现出强烈的地域特征和鲜明的时代特质。这种做法使得联盟选题的覆盖面大大增加，师生对不同类型乡村的规划设计思路、成果形式、技术方法等进行了更多积极、有益的探索。

　　其次，联盟历年毕业设计主题和任务要求随政策和认识深化，因时因势而变。党的十八大以来，中央持续探索顺应时代发展需求的乡村建设之道，陆续推动美丽中国下的美丽乡村建设、乡村振兴下的生态宜居美丽乡村建设、中国式现代化下的和美乡村建设等。

　　历年毕业设计主题深刻领会政策要求，聚

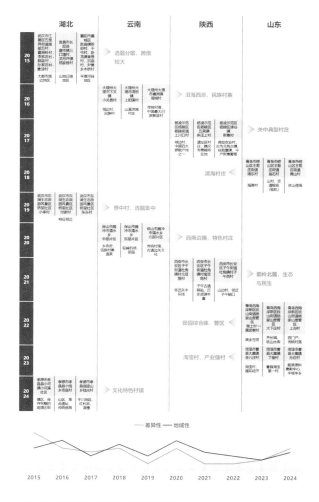

乡村联合毕业设计历年选址特征

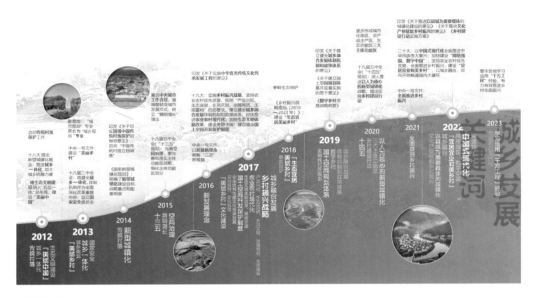

政策引领

焦城乡发展关键词。例如 2020 年毕业设计主题"风土再造"响应农业农村现代化总目标和"中华优秀传统文化传承发展工程""美丽乡村"文化建设任务，关注西南边陲民族地区的乡村现代化，探索其存续传统并面向未来的有效路径，师生以"渐进更新，渡村入城""数字清水，风土时尚"等破题；2021 年毕业设计主题"终南山居"响应生态文明理念、乡村振兴战略和城乡融合发展目标，在国土空间规划改革背景下探讨也处生态功能区、大都市边缘区的乡村如何协调生态保护与村庄发展、如何融入都市圈发展、如何协调文化传承与乡村现代化等问题，并探索实用性村庄规划编制方法，师生以"文化大秦岭，乐闲子午道""引山连城，精致杜角"等解题；2023 年毕业设计主题"e 裳之都，和美乡村"响应中国式现代化、数字中国、数字乡村和宜居宜业和美乡村建设目标，探讨"淘宝村"生产资料、生产力与生产关系的内在作用机制，探索其土地、空间、风貌的创新利用和整治提升路径，助力乡村全面振兴，师生以"幸服 e 站""演进中的中国——孙庄完整社区实验"等应答。

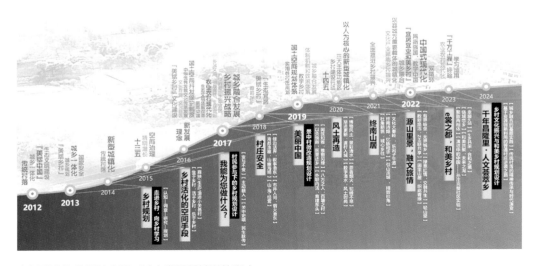

乡村联合毕业设计主题对城乡发展关键词的回应

这一过程让学生充分认识到乡村发展趋势和国家社会需求，以及乡村规划设计所面临的挑战和机遇，进而达到综合训练学生解决复杂问题的能力、培养乡村振兴专业人才的目的。

2. 这十年，我们扎根乡村真知笃行

乡村联合毕业设计始终引领学生"走进乡村"，以谦虚真学获真知、务实真用促笃行。

乡村联合毕业设计教学实践掠影

其一，乡村联合毕业设计强调调查的真实性。 在教学过程中强化乡村认知调查环节，让学生有更多机会亲身体会真实的乡村生活、倾听村民真实的诉求，从而了解乡村、理解村民，并与规划设计紧密结合。

调研报告成果展示

其二，乡村联合毕业设计强调过程的研究性。主办方结合不同教学环节组织举办主题性学术报告会，并强化专题研究要求。十年来已举办 64 场学术报告会、倾听 358 次答辩汇报，每年专题研究任务占到总任务为 30% 左右。

	2015	2016	2017	2018	2019	2020	2021	2022	2023	2024
开题	3场	3场	4场	4场	3场	0场	5场	1场	5场	2场
中期	3场	3场	0场	0场	4场	0场	0场	0场	0场	8场
终期	3场	5场	4场	0场	0场	0场	4场	0场	0场	0场

学术报告会场次统计

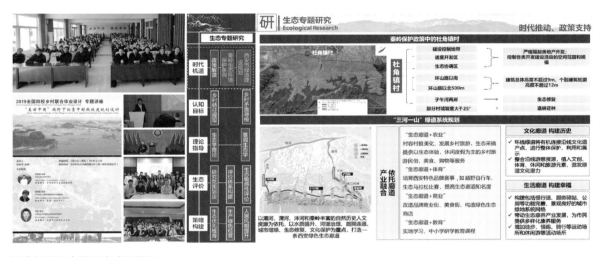

报告场景及专题研究成果展示

其三，乡村联合毕业设计强调任务的包容性。教学要求适用于不同学校的城乡规划、建筑学、风景园林等相关专业学生。乡村联合毕业设计倡导无论什么专业都要对乡村建立共同的目标，在一定程度上要忽略专业的差异性，不追求过于细化的专业分工——乡村工作更需要通才。

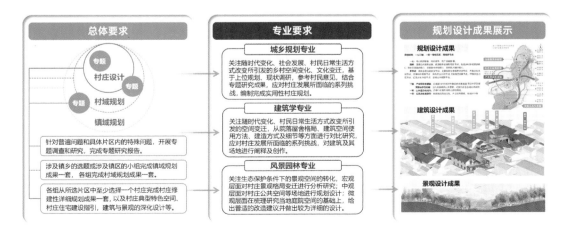

乡村联合毕业设计任务要求及规划设计成果展示

其四，**乡村联合毕业设计强调成果的开放性**。联盟坚持高质量的教学与产出，对最终成果进行展览并结集出版。公开、正式的程序设置催生了精益求精的成果要求，参与学生在乡村规划设计的技术手段运用、逻辑思路建构、图纸效果表达等方面日益成熟。

乡村联合毕业设计成果展示方式

其五，**乡村联合毕业设计强调价值的社会性**。各教学环节皆具有社会服务属性，主要体现为通过校地、校企合作为地方发展献计献策，通过沟通交流给村民传递新观念、新思想。

乡村联合毕业设计的社会属性

3. 这十年，我们与乡村共同成长

乡村联合毕业设计的参与者在一次次"走进乡村，向乡村学习"的过程中与乡村共同成长，成为乡村规划建设的引领者、担当者和促进者。

乡村联合毕业设计参与师生掠影

首先，乡村联合毕业设计培养学生成才。 毕业设计是本科专业人才培养计划中最后一个综合性实践教学环节，分析问卷回访数据可知，参与乡村联合毕业设计的同学们从中获益良多，正在各自的人生道路上接续奋斗，且有近半的同学仍然在乡村相关领域探索……

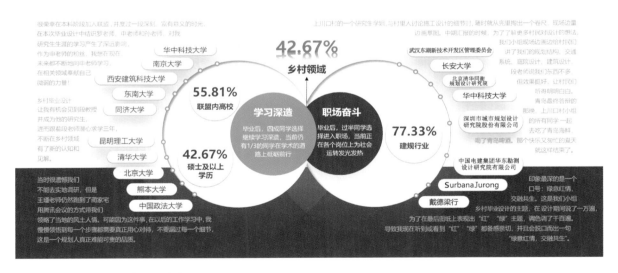

乡村联合毕业设计学生去向及感言

其次，乡村联合毕业设计陪伴教师成长。 十年以来，参与联盟的学生每年都不同，但老师基本还是那些老师，每年三次聚到一起，以不同的方式交流着对乡村教育的认知，维系着真诚的情谊。教师们通过乡村探索人类社会幸福模式的同时，也获得了纯粹的快乐和弥足珍贵的经验。

"我们游走在不同地区不同类型的村庄，困惑于不同的问题，但有一点是明确的——让村庄成为可以承载人们幸福生活的家园，为每一个选择生活在乡村的百姓增添幸福的砝码。在这个过程中，乡村和联盟为日常忙碌的教师们提供了精神补给，我们就像第一届的主题一样，通过走进乡村，向乡村学习，重拾简单而真实纯粹的快乐。"

乡村联合毕业设计联盟教师相聚场景

"随着毕业设计的开展，乡村联合毕业设计联盟各校的前辈教师逐渐成为年轻教师们共同的老师，年轻教师迅速成长起来，前辈们也未止步，在乡村领域产生愈来愈广泛的影响。年轻教师典型代表如乔杰，现为博士，华中科技大学讲师、硕士生导师。其主要研究方向为乡村规划与建设、产业振兴与乡村空间治理。乔杰在博士期间参与乡村毕业设计教学，开展欠发达山区乡村地域空间组织理论与方法研究，获得了丰硕的研究成果。乔杰曾获中国城市规划学会青年论文奖、金经昌中国城乡规划研究生论文竞赛优秀奖第一名等。我们常说乔杰是联盟共同的孩子，他的博士论文及获奖的论文其实都与乡村联合毕业设计的调研与实践密不可分。"

乡村联合毕业设计联盟年轻教师的变化

（三）乡村联合毕业设计教学实践展望

过去十年，乡村联合毕业设计联盟紧跟国家战略指引和乡村建设的步伐，开展高水平的乡村规划教学，办出了联盟特色，形成了广泛影响；未来十年，面对 2035 年基本实现社会主义现代化目标，联盟如何更好利用乡村联合毕业设计平台，继续筑就更加精彩的未来，为美好城乡建设作出贡献？我们从城乡未来场景中寻找答案。

1. 城乡全景

中国式现代化在实现步骤上跟乡村振兴是同步的，两者是"并联式"叠加发展的过程。随着城乡差距的减小和城乡关系的重构，未来的城乡将会真正实现融合和等值，共同走向现代化。因而，乡村和城市一样可以承载人民的幸福生活，只不过各有各的模样。

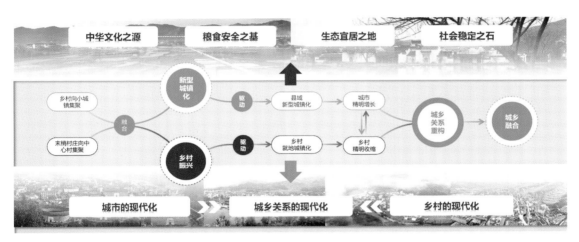

中国式现代化与乡村振兴的关系解读

2. 乡村场景

乡村未来场景涉及以下三大方面。

（1）乡村是中华文明的根脉和载体。文化自信是乡村振兴更基本、更深层、更持久的力量。乡村建设需要一如既往保护文化根脉，充分发掘村庄显在资源与潜在文化，把中华优秀传统文化内涵更好更多地融入乡村生产生活各方面，推进乡村从"形"到"神"、由"外"及"内"的转变。

（2）乡村是人与自然和谐共处的家园。坐落在绿水青山之间的乡村天然具有亲自然性，乡村建设的基础就是保护好人类赖以生存的良好生态环境和资源条件，传承中华民族天人合一的智慧，保护山水林田湖草沙的生态多样性，同时将现代生活设施有机嵌入其中，使乡村成为承载新老村民生活的宜居宜业和美家园。

（3）乡村是走向未来的乡村。乡村与时俱进，能承载并引领时尚的生活，产生前沿的思想。未来乡村是面向未来社会需求，由新技术驱动，具有新质生产力动能、发挥多元价值、呈现未来元素的乡村。乡村教育应坚持因时制宜，指向未来视角，积极引导学生发挥想象力，灵活运用时代发展、技术进步的成果，探索新的技术手段和规划方法，营造未来乡村场景。例如在教学中紧密结合 AI 时代技术与方法的融合趋势，鼓励学生理解 AI 技术，为他们在未来城乡规划领域创新性应用 AI 技术解决实际问题提供新视角和新方法。

传统文化维度下的乡村解读

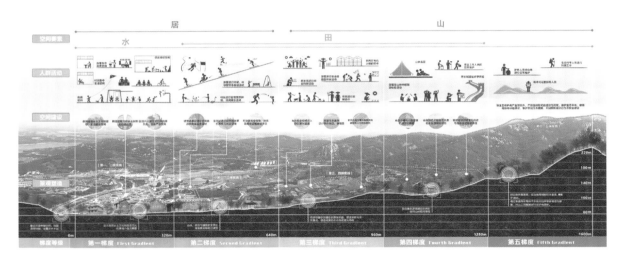

从居民点到山野的乡村空间梯度

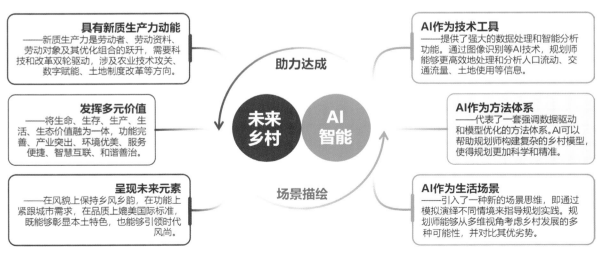

以 AI 智能助力未来乡村建设

3. 教学指引

未来乡村联合毕业设计教学应当在以下乡村规划研究与实践重点的指引下开展。

（1）因时而进，高位指引城乡均衡发展。城乡关系是影响国家现代化进程的重要因素，我国要迈向更高发展水平，必须把握城乡演变规律，推动城乡结构转变。乡村研究需要跳出就村论村的单维视角，遵循现代化进程中城的比重上升、乡的比重下降，且城乡将长期共生并存的客观规律，统筹考虑城乡互动关系，推进城乡融合发展。

城乡均衡发展思路

（2）因势利导，分类指引乡村规划建设。"千万工程"分类施策，循序渐进取得实质性进展、阶段性成果的重要经验启示我们分类推进乡村建设的必要性。乡村空间治理作为国土空间治理体系的重要组成部分，应顺应乡村转型发展趋势和形态演变规律，基于主体功能区职能差异、地域特征分异等探索分级分类的乡村规划体系和农村用地用途管制方法。

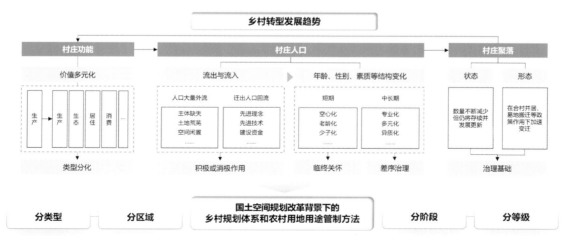

乡村转型发展思路及规划应对思路

（3）因人制宜，全面指引村民有效参与。 乡村是人类生存的重要依托，乡村建设的主体始终是"村民"。近年来，国家多部委陆续发文要求完善村民参与村庄规划建设的程序和方法。乡村规划应坚持因人制宜，从村民参与的权责、机会、能力三方面入手，推出真正实用管用好用的实用性村庄规划，促进乡村人居环境提质和百姓就业，帮助村民成长。

引导村民参与村庄规划的要点

（四）结语

未来，联盟将继续保持各自的优势和特色，取长补短，共同进步；同时秉持开放、包容的态度，探索灵活的运转机制，引入更多学术资源，进一步推动校企合作，为培养高质量乡村规划建设人才创造更好的条件。

未来，联盟将关注全球化、中国式现代化、城乡融合，乡村全面振兴发展背景下乡村的区域化、产业化数字化等趋势，聚焦乡村新问题、新形态，确定更具时代价值和现实意义的选题。

未来，联盟将坚持教学实践、学术研究、社会服务齐头并进，应国家之所需，想百姓之所想，解地方之所难，为中国各地城乡发展贡献高校智慧。

（五）感谢

中国城市规划学会　　中国城市规划学会乡村规划与建设分会
华中科技大学　　　　联盟五校所有参与乡村规划毕业设计的老师与同学

附录
2015—2024 年乡村联合毕业设计参与师生名录

2015

中科技大学建筑与城市规划学院
导老师：黄亚平 洪亮平 任绍斌 谢来荣 乔杰 薛冰
生：【赵燊 龚子逸 苗萌 李洋子】【张宝芳 方卓君 聂晶鑫 曹颖 沈冠庆】【郭心禾 黄凯 任美琪 郑加伟 朱圆玉润】

明理工大学建筑与城市规划学院
导老师：杨毅 赵蕾 徐皓
生：【谢彦敏 胥晓 安蕾 王思强】【李润泽 廖芯 李盈秀 李思妍】【高漪婷 刘南阳 杨雪会 郑友】

安建筑科技大学建筑学院
导老师：段德罡 蔡忠原 黄梅
生：【王嘉溪 崔雪 周俐君 徐原野】【李程 王一睿 安东 刘家源】【黄博强 田锦园 张宁 由懿行】

2016

明理工大学建筑与城市规划学院
导老师：杨毅 赵蕾 徐皓
生：【杨曜恺 彭庆园 李孟妮 郑宇 尹俊程 余涛】【杨志斌 张宸 磨璨 袁敏 李瑞东 洪黎明】【刘异凡 杨梦雪 詹宇灏 唐小盈 余欣 曾飞鸿】

安建筑科技大学建筑学院
导老师：段德罡 蔡忠原 黄梅
生：【刘志伟 王雨晗 李琢玉 王娟 王浩名 冉艺辉】【杨茜 林琰 刘媛 韩林芳 周敏 龚铭】【吴晓晨 贾晨曦 贺博伟 郑如月 达琳 段阿萌 杨烜子】

岛理工大学建筑与城乡规划学院
导老师：王润生 田华 李兵营 刘福智 薛凯
生：【东方睿琪 周白聪 姜婷婷】【邱若姮 赵梓晰 梁钰】【夏柏杨 朱秀程 黄夕真 段可然 柏杨】

中科技大学建筑与城市规划学院
导老师：任绍斌 洪亮平 王智勇 乔杰
生：【卢玉洁 盛树嫣 赵茂钰 顾家焕 任静】【陈茹歆 夏海玉 毛晓舒 邓慧玫 张堃】【黄竹清 陈禧 柯磊 许阳 周坤 寇梦茜 秦雪川 黄忆】

2017

安建筑科技大学建筑学院
导老师：段德罡 蔡忠原 黄梅
生：【李艳平 刘泽 张昕 南岳松 陆毅鸣 蔡智巍】【白阳 董舒 谢雨欣 李昭 王竟伊 宋晨】【王宇帆 李丹默 吉奕漫 陈海龙 郭佳敏 牛兆文 宋茜茜】

岛理工大学建筑与城乡规划学院
导老师：王润生 田华 祁丽艳 田野
生：【詹扬哲 刘之琳 郑孝建 王肯】【陈瑞 黄仪仪 李俏 田奇川】【解子昂 马晓菡 吕玮晋 李富健】

中科技大学建筑与城市规划学院
导老师：任绍斌 洪亮平 王智勇 乔杰
生：【戴鲁宁 李杜若 余芊叶 余纯 张雷 周凯】【梁禄全 任白霏 李舒梦 刘韦倩 别热克·毕勒木汗】【程喆 王卓 钟正 袁丽萍 许璇璇】

明理工大学建筑与城市规划学院
导老师：杨毅 赵蕾 徐皓
生：【严珺泽 施歆 杨灿尧 张赫 崔怀宇】【丁一航 彭川倪 辛迪 朱晨熙 康娟】【谭蕾 孔雯 欧坤源】

2018

岛理工大学建筑与城乡规划学院
导老师：王润生 田华 祁丽艳 王琳
生：【苏佳耀 高丹琳 卢梦霞 王婷 李博涵 张瑶】【王维玮 王婉璐 张璐瑶 张云涛 韩楚童】【李茹佳 张雅婷 李春晖 侯冬冬 李一鸣 高鹏飞】

中科技大学建筑与城市规划学院
导老师：洪亮平 罗吉 贾艳飞
生：【吴雨芯 李琳 万俐 杨天昊 刘晨阳】【张恩嘉 陈永 肖雨萌 文晓菲 蒋睿捷】【李璋 舍慧玉 余伏音 黄一方 周然】

明理工大学建筑与城市规划学院
导老师：杨毅 赵蕾 吴松
生：【翟文斌 张俊 宋振旭 李永昌】【黄煦童 舒森 许启鸿 马明 赵华】【任思奇 谢婉婧 温俊伟 戴璐璐 卢攀登】

安建筑科技大学建筑学院
导老师：段德罡 蔡忠原 王瑾
生：【陈淑婷 夏梦丹 孔令肖 王皎皎 常昊 邹业欣】【史国庆 杨柳 罗佳 宋心怡 张紫林】【范旭 马琪茹 刘静怡 张笑笑 梁鹏飞】

2019

中科技大学建筑与城市规划学院
导老师：洪亮平 任绍斌 王智勇
生：【李莹然 唐子涵 刘强 何书慧 舒端妮】【陈浩然 郭俊捷 王抚景】【谢智敏 金桐羽 周子航 刘炎钿 朱晓宇】

明理工大学建筑与城市规划学院
导老师：杨毅 赵蕾 李昱牛
生：【朱鸣洲 刘诗慧 崔彦帅 王亦宽】【高杨 王煜坤 李正达 宋光寿 潘启孟】【席翰媛 白丹 李坤 孟文 段盛阳】

安建筑科技大学建筑学院
导老师：段德罡 蔡忠原 王瑾
生：【申有帅 王成伟 许惠坤 雷硕 陈奥悦 董方园】【陈柯昕 陈元 李晓舟 王熙格 王羽敬 吴倩 张亚宁】【邓艺涵 冯瑞清 耿亦周 陶田洁 吴易凡 张丽媛】

岛理工大学建筑与城乡规划学院
导老师：王润生 刘一光 田华 王琳
生：【李豪 牛琳 秦靖雯】【冯佳璐 施瑶露 苏静 陈建颖】【袁小靖 姜沣珂 鹿明】

2020

昆明理工大学建筑与城市规划学院
指导老师：赵蕾 杨毅 李昱午
学生：【王明贵 赵应双 张云松 惠楠珺 石素素 郝建铭 彭晓凤】【冉青 舒冉仙 黄文哲 刘相伯 何家豪】【沈奕 李仪彬 陈红州】
西安建筑科技大学建筑学院
指导老师：段德罡 蔡忠原 王瑾
学生：【席芳美 马子迎 张雅婷 杨易旻 杨逸芙】【赵学伟 屈会芳 叶凌志 杨海霞 唐伟博 于锦墙】【茹健刚 邹泰港 赵萌 贺家欢 熊偲】
青岛理工大学建筑与城乡规划学院
指导老师：王润生 朱一荣 刘一光 王琳
学生：【马欣玥 臧倩 张素惠 王博然 母佳欢 王明月】【郭清雅 唐源泽 许小宇 王晨宏 吴长昊 白鑫阳】【柳世平 刘妍 王亚茹 王圆圆 曹海燕 周玉】
华中科技大学建筑与城市规划学院
指导老师：任绍斌 洪亮平 王智勇
学生：【朱欣然 陈慧羽 赵惠茹 兰雪儿】【陈智恒 李佳泽 陈佳林 艾芷苓】【史书沛 王璇 全德健 益西措姆 李佳】

2021

西安建筑科技大学建筑学院
指导老师：段德罡 蔡忠原 谢留莎 陈炼
学生：【李宇辰 郭娜 白宇琛 刘云雷 杨莹 薛若琳】【崔琳琳 樊希玮 王雪怡 王雅丽 杨晨露 李博宇】【郝嘉璐 贺振萍 许馨丹 邓鹏飞 薛钰欣 肖静】
华中科技大学建筑与城市规划学院
指导老师：任邵斌 洪亮平 王智勇 乔杰
学生：【王雪妃 徐灿 陈孔炎 罗凯中】【张苑涵 许梧桐 王宇涵 高阳】【施鑫辉 朱鑫如 覃丽学 袁菁菁】
昆明理工大学建筑与城市规划学院
指导老师：杨毅 赵蕾 李昱午
学生：【和桃娟 董育爱 官梓茗 周光玉 邓开航 寸寿虎 胡映斌】【杨代乾 曹磊 王蕴伟 马伊琳 周晟翼】【王翠巧 项高骞 董旭 陈思创 刘尚逸】
青岛理工大学建筑与城乡规划学院
指导老师：朱一荣 刘一光 王润生 王琳
学生：【田雪琪 李雪 程薪福 于琪】【丁佳艺 尚晓萌 张永婷 黄高流】【杨龙耀 谢歌航 于卓立 秦士彬】
南京大学建筑与城市规划学院
观察员：罗震东

2022

青岛理工大学建筑与城乡规划学院
指导老师：王润生 朱一荣 刘一光 于洪蕾
学生：【郭靖萱 文灏颖 全晓文 谢语嫣】【张慧娇 章思凡 张露 贾璐】【王越 戴文豪 付梦姣 房婷婷】
南京大学建筑与城市规划学院
指导老师：罗震东 徐逸伦 沈丽珍 张益峰 申明锐 孙洁 王洁琼
学生：【陈文婷 程嘉琦 陶姗】【周文昌 刘书早 赵家闯 牛乐乐】
华中科技大学建筑与城市规划学院
指导老师：任绍斌 洪亮平 王智勇 姬刚
学生：【崔澳 刘思杰 涂睿 郑科 杨棍议】【丁芷芯 况盛慧 刘彦孜 祝赫 胡骏 姜雪琦 汪雨佳 雷丹宁】【冯京昕 余春洪 徐德志 张小伟 冯鹏飞】
昆明理工大学建筑与城市规划学院
指导老师：杨毅 赵蕾 李昱午
学生：【李君昊 杨子琛 洪辰雨轩 曹帅明 黄雨滢 邹蕴秋】【袭蕙若 高攀玉 陈林宏 李航 孙载瑞 龚然靖】【姚曦 张鹏跃 朱韵林 刘馨路 庄永婷 张怀友】
西安建筑科技大学建筑学院
指导老师：段德罡 蔡忠原 谢留莎 范峻玮
学生：【王璇 齐雨萌 罗婧 魏海晨】【姜月 张敏 周芹慧 谢树天】【王程栋 曾红平 严懿颖 贾琪斐】

2023

南京大学建筑与城市规划学院
指导老师：罗震东 张益峰 徐逸伦 沈丽珍 杨舢 冯建嘉 申明锐 孙洁 乔艺波
学生：【马闻蔺 秦江兰 冯广源 艾世昌 唐国佳】【穆妮萨·马合木提 潘与念 邹佳诺 扎西旺久 高磊】【张紫柠 周思扬 肖涵今 缪九龙 王佳丽】
华中科技大学建筑与城市规划学院
指导老师：洪亮平 任绍斌 乔杰 姬刚】【施马若妍 黄璨 时静 郑琳】【曲海霖 温鹏 游丽霞 刘铮 向采妮】【刘浩宇 郑芷欣 谢泽霖 严英杰】
昆明理工大学建筑与城市规划学院
指导老师：杨毅 赵蕾 李昱午
学生：【舒中瑞 赵康生 王兴宇 秦佩文】【肖慧聪 刘瑶瑶 苏昱敏 罗汪军 李昕】【柯诗琦 汪朝进 叶子芃 王英辉 杨茗渲 周璇】
西安建筑科技大学建筑学院
指导老师：段德罡 李立敏 谢留莎
学生：【刘芝伶 李英志 张文琦 姜攀攀 李雨珂】【张志逸 龙泓儒 王晓晗 张继庆 王哲】【向骏 张柳欣 赵锦霖 雷妍玉 孟凡真】
青岛理工大学建筑与城乡规划学院
指导老师：王润生 朱一荣 刘一光 于洪蕾
学生：【申林雪 王梦雨 罗雅欣 曾意 王佳欣 李晨阳】【于子涵 曹思源 姜清馨 张晓冰 贺姝清 毛敏】【宋林嘉 李泳慧 尹婷婷 马旭 李美仪】

华中科技大学建筑与城市规划学院
指导老师：任绍斌 洪亮平 乔杰
学生：【杨美琳 周润灵 何雨铃 余思寒】【张戬 张浩然 李汀洋 熊洋】【方静 冯柏欣 扎多 袁方舟】

昆明理工大学建筑与城市规划学院
指导老师：杨毅 徐皓 李昱午
学生：【杨晓 钟赞仙 谭宝龙 陈娟 向琰琰】【任骊阳 李思晨 李元 刘俊溟】【蔡昊哲 骆启蒙 刘幸宇 舒德鼎 杨润宙 李新元 刘维桐】

西安建筑科技大学建筑学院
指导老师：段德罡 李立敏 谢留莎
学生：【李铭华 张奥 何欣蕊 古宫昕 孟祥成 徐艺蕾】【姚祎琪 焦雪洁 常君锴 何昊阳 芦靖豫 张宇辰】【陈雨欣 梁鏊 王一诺 徐佳 戴子欣】

青岛理工大学建筑与城乡规划学院
指导老师：王润生 朱一荣 刘一光 王翼飞 王轲
学生：【明晓慧 王艺璇 刘蓉蓉 徐遇海 徐广宁 唐艺月 赵志毅】【魏唯 李旸修 刘亚鹏 吕瑞倩 冯玉亭 李遥 赵灏凤】【颜铭萱 史浴辰 于佳睿 张雁南 李思雨 张晓龙】

南京大学建筑与城市规划学院
指导老师：罗震东 徐逸伦 孙洁 周扬 陈培培 乔艺波
学生：【倪嘉文 梁逸凡 刘相】【晃洋 张祖强 柴鑫】

三、五校乡村规划联合毕业设计十周年活动

（一）活动的举办

2024 年 4 月 21 日，**乡村规划教育学术论坛——五校乡村规划联合毕业设计十周年活动**在华中科技大学建筑与城市规划学院顺利举办。

活动由中国城市规划学会、华中科技大学主办，中国城市规划学会乡村规划与建设分会、华中科技大学建筑与城市规划学院承办，西安建筑科技大学建筑学院、昆明理工大学建筑与城市规划学院、青岛理工大学建筑与城乡规划学院、南京大学建筑与城市规划学院协办。

此次活动回顾和展示了乡村规划教育过去十年的探索与实践，总结了经验与教训，并展望了未来的发展方向，以期通过更加深入的思考和务实的行动，共同推动乡村规划与教育事业迈向更广阔的天地，为建设美丽中国、实现乡村振兴贡献智慧和力量。

乡村规划教育学术论坛—— 五校乡村规划联合毕业设计十周年活动

（二）活动过程

1. 开幕式

开幕式由华中科技大学建筑与城市规划学院洪亮平教授主持，中国城市规划学会常务副理事长兼秘书长石楠，华中科技大学党委常委、副校长解孝林和中国城市规划学会乡村规划与建设分会秘书长栾峰分别致辞。

洪亮平　　　　　　　　　　　　　　　　石楠

解孝林　　　　　　　　　　　　　　　　栾峰

2. 乡建十年

开幕式结束后，由中国城市规划学会乡村规划与建设分会副主任委员、西安建筑科技大学建筑学院段德罡教授作"乡建十年——乡村毕设教学实践回顾与展望"主题发言。

3. 十年毕业设计成果赠送仪式

由西安建筑科技大学建筑学院段德罡教授、昆明理工大学建筑与城市规划学院党委书记杨毅教授代表五校乡村联合毕业设计联盟向中国城市规划学会以及华中科技大学建筑与城市规划学院赠送乡村联合毕业设计十年成果图书。

段德罡教授做主题发言

十年成果赠送仪式

4. 主旨报告

论坛主旨报告由中国城市规划学会乡村规划与建设分会副主任委员，西安建筑科技大学建筑学院段德罡教授主持，特邀三位专家学者分享他们在乡村规划教学、实践中的研究成果。

段德罡

1）新时代背景下乡村规划教学的几个要点

栾峰

中国城市规划学会乡村规划与建设分会秘书长

同济大学建筑与城市规划学院教授

上海同济城市规划设计研究院有限公司总规划师

栾峰教授对"理解新时代""乡村规划和村庄规划""我们需要学点什么"进行了深入人心的讲解。通过对乡村振兴战略的解读，以及城镇化乡村人口分布变迁等案例的分析，总结出城乡规划专业乡村方向的学生需要学习的具体内容，为乡村规划的教学提供了可资借鉴的新思路。

栾峰

2）乡村振兴实践中的几个问题

桂华

武汉大学社会学院副院长、教授

报告立意于"中国式现代化的中期与长期前景""保护型城乡关系"以及"农民城镇化问题"，深刻地反思了中国乡村地区人才流失以及地区发展不平衡之间的矛盾，并且重新梳理了农民、乡村主体、新乡贤的概念。归结起来，符合底线标准的乡村建设，才不会让在乡农民和返乡人士负担过重，避免经济资源和社会资本过度透支的乡村建设才是健康可持续的。

桂华

3）小题大做，循道证知——乡村规划教学十年探索

耿虹

华中科技大学建筑与城市规划学院教授

报告以乡村规划教育需要"小题大做"为核心思想，结合学院逐步完善的本硕博"贯通式·渐进式"教学结构，从多年的教学过程中提炼出乡村规划教育应该从"乡村地域"走向"乡村社会"的教育理念。与此同时，从"乡村规划课程"到"乡村规划社会性实践课程拓展"的探索也为乡村规划教育提供了启迪性思路。

耿虹

（三）乡村规划教育学术研讨

1. 五校学术报告

　　五校学术报告由华中科技大学建筑与城市规划学院任绍斌教授、昆明理工大学建筑与城市规划学院党委书记杨毅教授主持，邀请五位青年学者分别作专题报告，并展开座谈交流。

任绍斌

杨毅

学术报告现场照片

1）可持续乡村振兴：从规划建设到管理运营

申明锐

南京大学建筑与城市规划学院

报告介绍了乡村振兴 2.0 时代的管理运营模式，从政策文件的角度出发强调了项目管理与运营维护的重要性，以宁杭地区运营管理的实践为案例，分别介绍了江宁乡村国企建设＋运营、街道零散招商和私营企业作为村庄服务商三种模式，基于杭州市临安区的案例提出了强村公司和乡村运营商两大重要运营主体，聚焦乡村运营的内核与外延，指出资产保值的运维过程是乡村运营的内核，而商业运营的增值过程则为外延，最后提出乡村地域存在着的"存量规划"是围绕着运维意义的乡村运营方案，这也是乡村振兴 2.0 时代的重点。

申明锐

2）生态补偿与民族地区乡村振兴

乔杰

华中科技大学建筑与城市规划学院

报告首先介绍了民族地区经济发展呈现出"资源诅咒"现象，其地域和经济上的边缘性决定了贫困是一个生产和再生产的过程。基于以上特征指出满足地方村民生存和发展的需求是生态补偿的一大原因，重新审视民族地区的生态价值是生态补偿的基础。报告结合当前我国基于水源保护和上下游关系的两种生态补偿情形，阐述我国生态补偿的特点，提出应建立生态补偿构架，推进转移支付的绿色化，以基层政府和生态脆弱区为转移支付对象。报告最后指出生态资源是民族地区天赐的宝藏，深化生态补偿机制对乡村振兴有重要意义。

乔杰

3）建筑学视角下的乡村规划

徐皓

昆明理工大学建筑与城市规划学院

报告从云南地区民居特征出发，结合德国空间规划术语汇典，提出了公共开放空间和私人开放空间的概念，详细解释了开放空间规划是对城市空间中未建设土地进行的设计，强调其美学、生态和社会功能，并辨析了德国租赁与非租赁居住私用开放空间的区别。报告最后介绍了云南大理州青索村传统村落保护规划，提出了关于建筑的下一步思考。

徐皓

4）工程哲学视域下的农村生活污水绿色治理

黄梅

西安建筑科技大学建筑学院

报告以黔东南侗寨传统水生态空间系统为开篇，介绍了其独特的水网体系与自循环模式，以及水上生态厕所蕴含的生态文化。报告还以关中平原粪污回填方式及涝池社会生态系统为例，指出其形成了"村民用水—生活污水—土地吸收"的良性循环。报告在追溯过往的基础上提出在旅游经济和城市文明的冲击下，水冲式厕所的植入使以厕所为核心的水生态系统遭到了破坏，现代工程设施的不恰当植入破坏了传统的理水智慧。绿色循环是规划的应对方式，报告在工程哲学视域下提出生活污水的绿色治理方式，即在认知层面要在遵循生态规律的前提下开展水文循环空间机制研究，在操作层面要在尊重地方性知识的前提下进行水基础设施规划。

黄梅

5）乡村问题的空间解码

王翼飞

青岛理工大学建筑与城乡规划学院

报告首先介绍了其将众多村庄作为研究对象，以其边界、街道、建筑群等为基因条目，并结合基因地图中的基因片段进行编译的过程。其中，基因条目是数据源，由村庄形态表征子树节点和树节点构成；基因片段则根据村庄自然地形、产业类型、民族文化等分为类间和类中两类。在此基础上形成谱与库，信息层、逻辑层和平台层。报告接着介绍了解码的过程，可以为乡村风貌调整、空间优化提供参考。最后报告以乡村公共健康导向的空间基因为例，提出了空间解码在乡村存量空间利用、乡村公共空间气候适应性等方面的巨大潜力及价值。

王翼飞

2. 圆桌论坛：城乡融合时代的乡村规划教育创新

圆桌论坛由中国城市规划学会乡村规划与建设分会委员、南京大学建筑与城市规划学院罗震东教授，青岛理工大学建筑与城乡规划学院副院长朱一荣教授主持，由各位专家学者针对主题展开交流。

罗震东
中国城市规划学会乡村规划与建设分会委员
南京大学建筑与城市规划学院教授

罗震东教授以经过十年乡村规划教育与乡村联合毕业设计，新的十年联合毕业设计到底要讨论什么，到底要研究什么，到底要向学生传递什么，引出本次会议的四大议题：城乡融合时代乡村发展的趋势与需求、乡村规划设计的理论与实践困境、乡村规划教育的目的和重点、乡村规划教育的方法与路径创新。

圆桌论坛讨论现场

1）座谈交流

石楠

中国城市规划学会常务副理事长兼秘书长

毕业设计是对五年本科学习成果的检验，具有很强的导向作用。空间与要素是规划的核心要素与底层逻辑，职业导向、行业导向导致教学体系陷入被动。提出三大疑问：教学或者学科体系怎么进行重新定位、对时代需求如何正确把握、从学科角度如何进行规划创新。指出联合毕业设计要将特色化教学与地方性知识的总结作为特色性教学，在将核心的知识体系梳理清楚的基础上，鼓励支持地方院校挖掘特色化教学创新点。

石楠

2）座谈交流

栾峰

中国城市规划学会乡村规划与建设分会秘书长

同济大学建筑与城市规划学院教授

上海同济城市规划设计研究院有限公司总规划师

进入新的时代，面对真实的世界，面对新的对象，城乡规划人在解决疑难杂症问题时要持开放、学习的态度，在不同学科碰撞过程中，明确我们的空间特点。

栾峰

段德罡

3）座谈交流

段德罡

中国城市规划学会乡村规划与建设分会副主任委员

西安建筑科技大学建筑学院教授

在乡村教育中要把学生引进真实的乡村，通过教育、乡村访谈与经历去发现真实的问题，去了解真实的诉求。现代化、专业化、城镇化必然是绝大多数具备发展条件的村庄的必由之路。

4）座谈交流

杨毅

中国城市规划学会乡村规划与建设分会委员

昆明理工大学建筑与城市规划学院党委书记、教授

杨毅教授将自己的思考概括成三点。第一点，面对大的时代背景，乡村教育面临一系列转型挑战。在大的经济环境下，城乡规划专业生源与人才的现状令人痛心。第二点，乡村设计涉及一个庞大的知识体系，与经济、社会、管理、人文等学科紧密相连，因此我们的联合不仅是原有的专业联合。第三点，从知识体系出发，乡村是一个复杂的巨系统，但当我们走进乡村时，它还是小的，是可以保护的，是可以琢磨的。

杨毅

5）座谈交流

洪亮平

华中科技大学建筑与城市规划学院教授

要站在学生角度思考问题，在联合毕业设计阶段给学生一定的自由，释放学生天性，以此激发学生的想象力与创造力。

洪亮平

万艳华

6）座谈交流

万艳华

中国城市规划学会乡村规划与建设分会委员

华中科技大学建筑与城市规划学院教授

乡村规划教育的主要目的是让学生成为乡村的沟通师。学生在与乡村各类主体人群交流的过程中发挥桥梁的作用，将自己所具备的专业知识与社会理念传递下去，这是乡村规划教育的主要目的。要打通乡村规划设计过程中的"任督二脉"，在当前不断变化的时代背景下，我们要做具有智慧的人。要把掌握的数据上升为信息，再将信息上升为知识，再将知识上升为智慧，用智慧来应对乡村规划中的万变。

7）座谈交流

王润生

青岛理工大学建筑与城乡规划学院教授

在乡村设计中要明确乡村主体，深入了解乡村与主体乡民所想、所需、所急，注重地方性与地域性思考，提高乡村规划与设计的针对性，切实解决现实问题。

王润生

最后，由朱一荣教授进行总结：本次圆桌论坛深入探讨了城乡规划和乡村设计的核心议题。论坛强调了毕业设计的重要性，教学体系与行业和地方特色相结合的必要性。同时，乡村教育要深入实际，面对真实问题，理解当地需求，在乡村设计中注重地方性与地域性。这些观点为未来十年乡村规划教育的发展提供了方向与思路，值得各位学者重视。

（四）总结

本次乡村规划教育学术论坛——五校乡村规划联合毕业设计十周年活动圆满结束！期待五校乡村联合毕业设计联盟在未来的十年，培养出更多投身乡村、扎根乡村的优秀学子！

朱一荣
青岛理工大学建筑与城乡规划学院
副院长、教授

乡村规划教育学术论坛——五校乡村规划联合毕业设计十周年合影

四、毕业设计中期答辩

　　由华中科技大学建筑与城市规划学院、西安建筑科技大学建筑学院、昆明理工大学建筑与城市规划学院、青岛理工大学建筑与城乡规划学院、南京大学建筑与城市规划学院联合举办的 2024 年五校乡村联合毕业设计中期答辩活动于 2024 年 4 月 20 日举行。

　　本届五校乡村联合毕业设计按规划的行政村分为三个大组、十四个小组。上午 8 时 30 分，三组在三个分会场同时开始毕业设计中期答辩。答辩时每组同学进行 30 分钟汇报，之后由答辩评委老师进行 20 分钟点评与提问，并进行打分。

分会场 1——小河溪社区组

华中科技大学

沿溪筑居，食上新生

指导老师：任绍斌、洪亮平、乔杰

小组成员：杨美琳、周润灵、何雨铃、余思寒

　　本组规划基于产业、公服、景观、建筑，多视角分析小河镇小河溪社区产业分散、公服落后、老街失活、生态受损等问题，以特色餐饮为基础、互动体验为抓手，通过产业联动集群发展，建成特色旅游体验项目；利用现有自然与人文景观资源，打造街景与水景、田景特色相融合的景观；以现有设施为基底，促进景镇融合、镇乡融合。本组规划旨在构建小河镇"旅游 + 体验式餐饮"的未来发展蓝图，全面提高乡村生活品质，打造一个具有新风貌的和美乡村。

西安建筑科技大学

溪归万悉，河脉共合

指导老师：段德罡、李立敏、谢留莎

小组成员：李铭华、张奥、何欣蕊、古宫昕、徐艺蕾、孟祥成

　　立足当下生态文明时代，伴河而居的小河溪社区已逐步成为城乡融合、镇区服务的前沿阵地，本规划方案即从历史追溯出发，基于生态本底生境重塑、历史赓续智慧传承、未来社区人居提升构建三大专题策略，致力于以生态滋养生命，缝补织就新老文脉，促城乡要素流动，以实现新时代未来社区的全新构想。

昆明理工大学

时空河链，探古寻今

指导老师：徐皓、杨毅、李昱午

小组成员：杨晓、钟赞仙、谭宝龙、陈娟、向琰琰

　　基于小河溪社区原生肌理，梳理盘活现状闲置资源，以文化技艺为特色，以小河溪为串线，构建"探古

寻今"体验场景，将生态资源与文化资源联合，农文旅深度融合，将小河村打造成集现代农业、文化艺术体验、民宿经济、研学旅行等业态于一体的农文旅融合发展示范乡村。

青岛理工大学

小溪潺潺澴环扣，悠悠古街话乡梦

指导老师：王翼飞、王轲

小组成员：明晓慧、王艺璇、刘蓉蓉、徐遇海、徐广宁、唐艺月、赵志毅

本次乡村规划设计以文化强国和人才振兴为大背景，针对小河村资源丰富但未被有效盘活的问题，提出新农人扎根计划，以期通过扎根机制的建立以及文化活化传承、产业优化振兴、生态修复改善、人居整治修缮四个策略，做到小河村文化引贤、以新助老、欣欣向荣三个阶段的提升。

南京大学

古街新瞰，小河品馔

指导老师：罗震东、徐逸伦、孙洁

小组成员：倪嘉文、梁逸凡、刘相

本次乡村规划设计以"古街新瞰，小河品馔"为主题，把握小河溪社区本地的特色古街旅游资源、美食业态和民俗文化，围绕登高览胜、寻味小河、穿越时空三个游玩主题呈现，构建大地景观区、活力社区、文化商业景观区三个板块，因地制宜地规划了观景台、河畔广场、街巷三大体系，打造一个集文化展示、美食娱乐、民俗体验于一体的乡村文旅综合体。

分会场 2——项庙村组

华中科技大学

游人所向（项），妙（庙）在乡壤

指导老师：洪亮平、任绍斌、乔杰

小组成员：张戬、张浩然、李汀洋、熊洋

本次乡村规划结合项庙村独特的生态资源，提出 EOD 发展模式，从生态整治、土地集约、产业融合、风貌营造多个方面描绘项庙村规划蓝图。

西安建筑科技大学

星火项庙，生机重现

指导老师：段德罡、李立敏、谢留莎

小组成员：姚祎琪、焦雪洁、常君锴、何昊阳、芦靖豫、张宇辰

作为传统村落，项庙村在其历史发展过程中的重要时期都展现出较强的生命力。在当下，面对现代生活的冲击和交通闭塞的现状，我们如何传承和发展这样的生命力，是本次规划需要重点思考的问题。在分析过

程中，我们发现虽然如今村庄衰败，但村落文脉依旧绵延。古老务实的荆楚精神在山村中传承至今，其中的质朴情感依然需要被传达，其中的创新精神依然需要被弘扬。因此我们提取村中家家户户都有的平价机车，以当代的在地摇滚为文化线索，策划乡村大事件。我们希望以传统保护与生态管制为底线，以机车大事件为契机，精准定位人群，拓宽辐射范围，兼顾村落更新与治理，建成生态文明和美共生、村民来客共同建设、自主创新产业兴旺的生长型传统村落。

昆明理工大学

茶香湖光韵古村，红星山色振项庙

指导老师：杨毅、徐皓、李昱午、杨胜

小组成员：任骊阳、李思晨、李元、刘偡溟

茶香湖光韵古村，红星山色振项庙，充分利用项庙村红色资源与传统村落两大资源，以"红"带"绿"，用红色资源带动乡村绿色发展，依托观音湖上游丰富的旅游资源，打造集党校学习、研学、古建民居展示、茶文化体验于一体的红色旅游地。

青岛理工大学

蔓上耕学

指导老师：朱一荣、王润生

小组成员：魏唯、李旸修、刘亚鹏、吕瑞倩、冯玉亭、李遥、赵潇凤

乡村振兴，文化先行。针对项庙村传统古村落文化记忆淡薄和活力缺失问题，本次乡村规划提出"蔓上耕学·归园田居"理念，旨在促进农耕文明与现代文化要素的有机融合，以此为村庄发展的内生驱动力，将内生动力渗透进村庄建设的各个环节，促进村庄发展建设。策略上让农民成为繁荣乡村文化的主体，学习城市先进经营机制，振兴以茶和板栗为特色经济作物的传统农业；促进以红色文化以及乡土特色为主题的文旅产业繁荣；通过有趣的艺术形式让多元的鄂北文化融入村民日常生活，激活乡土记忆；用新技术手段对传统建筑进行保护改造，使其满足基本生活和公共文化空间需求，助力乡村振兴。

南京大学

山乡厚蕴，古落育行

指导老师：周扬、陈培培、乔艺波

小组成员：晁洋、张祖强、柴鑫

通过分析项庙村现状意识到激发村庄活力的规划任务，结合项庙村资源底蕴，对比周边区域发展路径，提出以劳动、自然、文化、美学四种教育为主题的特色旅游发展，打造具有项庙特色的生活、生产场景，提高村庄人气，以达到村落活力再生的目的。

分会场 3——陆光村

华中科技大学

共绘陆光美景新画卷，传唱乡村振兴新故事

指导老师：乔杰、洪亮平、任绍斌

小组成员：方静、冯柏欣、扎多、袁方舟

陆光村曾与时代发展同频共振，但如今在建成遗产、人居环境、产业发展、未来发展方向等方面遭遇诸多困难。在本次联合毕业设计中，我们以描绘陆光村新画卷、书写陆光村新故事为直接意向，起笔梳理陆光村历史线索，提取其核心文化价值；探析物质空间所承接的陆光村历史进程中的问题，认识陆光村空间利用的核心问题；结合生态景观资源转变陆光村发展动力并研究产业活化的核心思路；探索村域空间组织模式以整合整村资源，形成联动发展的核心手段。在现状困境的基础上，注入新征程发展之魂，提出遗产价值活化勾勒底色、闲置空间盘活塑造乐活形态、生态引领产业着色绿美乡村、骑行串联全域描绘繁荣图景的手法，勾勒陆光村新时代的美好画卷。

西安建筑科技大学

聚环新生，骑乐无穷

指导老师：段德罡、李立敏、谢留莎

小组成员：陈雨欣、梁晨、王一诺、徐佳、戴子欣

陆光村坐拥丰富的自然资源和工业遗产资源，与其当下单薄的村域产业结构与黯淡的发展状况大相径庭。从闲置资源、产业发展、公共设施、建筑空间和乡村治理五个专题入手，分析其背后隐藏的原因并得出规划策略，即结合第一产业发展以骑行产业为核心的第三产业，调整和优化村域产业结构，使陆光村聚焦骑行导向产业并获得新的活力。

昆明理工大学

和美乡村概念性规划设计

指导教师：杨毅、徐皓、李昱午

小组成员：蔡昊哲、骆启蒙、刘幸宇、舒德鼎、杨润宙、李新元、刘维桐

山丘连连，养几许村湾。上有天河，通生灵所盼。下有铁轨，负滚滚人烟。侧生林野，染青葱红颜。旁卧江河，拍金沙浅滩。然，何该破败？无居一瓦之安，无耕一锄之田。而天时已至，振兴在今；地利堪用，需破釜为新；人和将聚，使星火燎原。当养人之生命，当保田之生产，当提民之生活，当护野之生态，当创村之生机。以林为契，纳四海之宾，以村为基，留游子之心，以产为根，谋长久之计，以人为本，立村民之余。盖陆光之振兴，指日可期。

青岛理工大学

古渡今桃，"基因"更兴

指导老师：刘一光

小组成员：颜铭萱、史浴辰、于佳睿、张雁南、李思雨、张晓龙

基于对湖北孝昌县陡山乡陆光村的前期现场调研及现状分析，我们发现陆光村的陆山渡槽、人工红杉林及穿过村庄的京广铁路都是当时"人定胜天"时代基因的体现，而新时代习近平总书记提出"人与自然是生命共同体"的理念，于是我们将村庄现存问题的切入视角锁定在了"新旧"之间的矛盾及如何化解上。在此基础上我们形成了"新旧结合"及"科学规划"的规划原则，提出了"陆光基因库"的创想，希望可以激活陆光基因，复兴陆光文化。

会议上，老师们针对同学们的汇报和设计方案进行点评，对接下来的深化设计和成果展示给予了意见与建议，推进了此次五校乡村联合毕业设计的开展。至此，本次五校乡村联合毕业设计中期答辩圆满结束。

五、毕业设计终期答辩

全国五校乡村联合毕业设计教学研讨会定于 2024 年 5 月 23—25 日在昆明理工大学建筑与城市规划学院召开。本次会议活动由两部分内容组成：第一，2024 年全国五校乡村联合毕业设计终期答辩、教学评价及成果总结；第二，专家组赴云南省河口瑶族自治县考察，为 2025 年的联合毕业设计选取三个目标村。

河口位于云南腹地，红河蜿蜒数千公里，奔腾而下。近年来，河口县委、县政府积极推进"一带一路"建设，抢抓机遇，主动作为，精准切入，既提升硬件"联通"，也创新软件"契合"；既积极"引进来"壮大，又勇敢"走出去"分享；既建设平台"吸纳"，又发展产业"推动"，在全方位开放与深度融合中，拓展更大的发展空间，打造沿边开放新高地，建设辐射东南亚的战略中心，从而推动口岸经济从"通道经济"向"产业经济"转变。充分发挥边境地区的贸易优势，以发展口岸经济为重点，以口岸产业体系构建为关键，聚焦口岸主导特色产业发展和产业链拓展，打造新型的兴边富民的口岸示范村。

千年昌隆里·人文荟萃乡

—— 湖北省孝昌县乡村文化振兴与和美乡村规划设计

全国五校乡村联合毕业设计终期答辩

昆明理工大学建筑与城市规划学院

2024.05.24

小河镇小河溪社区	小悟乡项庙村	陆山乡陆光村
答辩地点：建筑楼413	答辩地点：建筑楼507	答辩地点：建筑楼212

小河镇小河溪社区

分组	指导老师	学生名单
09:00—12:30	第一组：华中科技大学	任绍斌	杨美琳 周润灵 何雨铃 余思寒
	第二组：西安建筑科技大学	段德罡	李铭华 张奥 何欣蕊 古宫昕 徐艺蕾 孟祥成
	第三组：昆明理工大学	徐皓	杨晓 钟赞仙 谭宝龙 陈娟 向琰琰

午休，12:10大楼梯拍合照

	第四组：青岛理工大学	王轲 王翼飞	明晓慧 王艺璇 刘蓉蓉 徐遇海 徐广宁 唐艺月 赵志毅
13:30—16:30	第五组：南京大学	徐逸伦	倪嘉文 梁逸凡 刘相

小悟乡项庙村

分组	指导老师	学生名单
09:00—12:30	第一组：华中科技大学	洪亮平	张戡 张浩然 李汀洋 熊洋
	第二组：西安建筑科技大学	李立敏	姚祎琪 焦雪洁 常君锴 何昊阳 芦靖豫 张宇辰
	第三组：昆明理工大学	杨毅	任骊阳 李思晨 李元 刘伙溟

午休，12:10大楼梯拍合照

	第四组：青岛理工大学	朱一荣 王润生	魏唯 李旸修 刘亚鹏 吕瑞倩 冯玉亭 李遥 赵潇凤
13:30—16:30	第五组：南京大学	周扬	晃洋 张祖强 柴鑫

陆山乡陆光村

分组	指导老师	学生名单
09:00—12:30	第一组：华中科技大学	乔杰	方静 冯柏欣 扎多 袁方舟
	第二组：西安建筑科技大学	谢留莎	陈雨欣 梁晨 王一诺 徐佳 戴子欣
	第三组：昆明理工大学	李昱午	蔡昊哲 骆启蒙 刘辛宇 舒德鼎 杨润宙 李新元 刘维桐

午休，12:10大楼梯拍合照

	第四组：青岛理工大学	刘一光	颜铭萱 史浴辰 于佳睿 张雁南 李思雨 张晓龙
13:30—16:30			

2023—2024学年五校乡村联合毕业设计

2023—2024 school year five schools rural joint graduation project

全国五校乡村联合毕业设计教学研讨会

会议主题：全国五校乡村联合毕业设计教学研讨会

会议时间：2024 年 5 月 23—25 日

会议地点：昆明理工大学建筑与城市规划学院

参会人员：五校毕业设计团队师生（教师 16 人，学生 71 人）

主办单位：昆明理工大学建筑与城市规划学院、昆明理工大学云南乡村振兴学院

协办单位：西安建筑科技大学建筑学院

　　　　　　华中科技大学建筑与城市规划学院

　　　　　　青岛理工大学建筑与城乡规划学院

　　　　　　南京大学建筑与城市规划学院

日程安排：

5 月 23 日（周四）	5 月 24 日（周五）	5 月 25 日（周六）
签到 15：00 展览预测	09：00—12：30 分组答辩 13：30—16：30 分组答辩	09：00—09：30 河口乡村振兴工作汇报及选题村庄情况介绍 09：30—12：30 乡村考察 13：30—16：30 乡村考察 17：30—18：30 选题方面讨论

教学总结

TEACHING SUMMARY

漫漫迷雾中的诗和远方

又一年的毕业设计结束了。

这一年很独特，是联盟第一个十年的结束，亦是新一个十年的开始。十年前，联盟的第一届毕业设计开始于华中科技大学，经历各种机缘，第十届竟然也收于华中科技大学。

这一年对整个规划设计行业来说堪称冬天，而恰恰就在十年前的 2014 年，圈子里发出了行业进入冬天的预警。

冬天总是阴霾居多，一如当前坊间铺天盖地看衰行业的消息；当下的很多青年学子不再迷恋专业，不再因规划设计而亢奋。今年华中科技大学出的三个题都充满了独特性与挑战性，连我都忍不住想为每个村拿出一个充满创意的方案，然而同学们面对这几个村似乎都很漠然，只是按部就班地调查、分析、完成规划设计，似乎与以往经历的课程设计没啥区别。

前三年采用线上加线下的教学方式，使师生之间、同学之间、设计者与场地之间的关系发生了转变，导致教学的标准与要求都不得不降低。明显地，同学们之间的交流少了，更多的只是组长分配任务、团队成员配合执行；师生间的讨论也不再激烈，缺少深刻认知的讨论往往陷入尴尬的境地，顶多停留于基础知识普及层面；现场调研也大多走马观花，因为阅历不够，很难发现对象的特征，因为平时不关注真实的生活，无法准确把握当地人对空间的真实需求，因为缺乏足够的阅读量及深度的思考，无法透过现象看到其背后的本质问题……

带着诸多的遗憾结束了今年的毕业设计指导，从汇报到图纸、文字，需要完善的还有很多很多，多得以至于不知道该如何要求同学们去修改，毕竟是系统性的问题，不是可以简单修改的。我给自己找了很多理由，告诉自己"尽力了就好"，得跟自己和解。这几个专业不再有那么大的吸引力，我们凭什么要求学生还像过去那样热爱呢？世界风云、国际政治、国民经济的发展变化深刻影响着各行各业，我们无力改变这个大格局；快速城镇化阶段的结束，城乡建设需求量减少及目标转变都在重新定义着学科、专业……

与自己和解后，我重新审视这一次的毕业设计，同学们都还算努力，我们最担心的一组也顺利地完成了毕业设计；毕竟，同学们的态度都还算端正，即便是好几个明确表态未来要转行不再继续在规划、设计行业打拼的同学也都认真地对待他们的最后一门专业课；毕竟，乡村还是能戳中内心那片柔软的地方，开课之初公开表态"乡村无意义，我要进都市"的同学也在慢慢地转变观念，认识到乡村在城乡关系中的价值，以及乡村对村民的意义……

是啊，时代的一粒沙，落在每个人头上就是一座山，每个人都有权利选择面对的态度。大浪淘沙始见金，在光环散去还能继续深耕这个行业的人才是真心热爱。我们终将回归平凡的时代，在放下对金钱的预期后重新审视城乡规划、建筑学、风景园林这几个专业，我们坚信，只要人类社会存在，这几个专业就必然存在：城乡规划承载着更公平的社会理想，建筑学承载着栖居的基本要求，风景园林承载着对一切美好的向往，它们都不可替代。

前行，需要光。公平正义就是引领我们前行的那道光。秉持正义，正对过往的不堪，立足当下的现实，走向未来的光明。

前行，需要诗和远方。《礼记》曰："大道之行也，天下为公。选贤与能，讲信修睦……使老有所终，壮有所用，幼有所长，矜寡孤独废疾者，皆有所养。"这是先哲们的诗和远方，亦是我辈之诗和远方。

期待，在又一个乡村联合毕业设计十年，与同道同行。

西安建筑科技大学建筑学院
教授、博导
2024 年 6 月

以"聚"为马，在乡村上建设乡村

随着今年毕业设计指导的结束，同学们也进入了毕业季。毕业之际，大家经常讲的一句话叫"以梦为马，不负韶华"。此处我借鉴一下，为本篇教学总结取名为"以'聚'为马，在乡村上建设乡村"。

聚在一起总有一些原因，如血缘、业缘、地缘、语缘，但最重要的是亲缘。人们因相亲相近而形成组织，组织就是聚的结果，聚集的人有一个共同的声音。

无论什么样的乡村，均是聚的结果，均会有一个共同的声音，均会形成故事，均会有一个传统。我认为"传统"就是在岁月变迁中能够传承的有益于共同体统一的东西。在我看来，从古文字的演化来看——因为恰恰古文字会隐含"秘密"——"村"是守望苗木生长的人，"落"是与自然环境融合度高的形态及环境，而"乡"是两人对坐而食，"庄"上有草下有土并庇护着人，等等。

回望今年毕业设计所选的三个乡村，同样如此。无论时代如何发展，陆山渡槽及江边的红杉林，庙石"戴帽"的传统村落和红色被服厂，小河村的切片式商业建筑及蜿蜒流淌的河流，是历史长河中的不变，而这种不变最根本的是"聚"本身。历史文化在变化中形成，又在变化中形成不变的要素。

与此同时，小河村形成了三条街，项庙村形成了一条街，陆光村也形成了一条街，这些都是"聚"的变化结果。

到目前为止，如果在乡村上建设乡村是必然，那么把控变化、延续传承，高品质建设就是结果了。对既有的乡村进行高品质建设，实行存量或者是减量规划，在另一种意义上是"退型进化"。"传"而"统"之的"聚"成为其重要之魂。

精确把握现阶段这种"传"而"统"之的价值意义，落地生根、代际相传，以人类学、规划学及建筑学的学科方法进行"在地性""时代性"的规划与空间设计，在环境营造、空间组织中使地方认同感得到强化，对游子产生磁力，让返乡人与栖居者找到精神的原点与起点。身份与地方、空间与行为相互影响、相互作用，无形的"传"而"统"之的机制在塑造空间形态的同时，又随着空间的演变而得到传承与发展。

　　乡村空心化、老龄化问题的长期存在，归根结底就是没有人，没有人也就无法形成组织，人才振兴也就无从谈起。"组织"是一个名词，又是一个动词。只有人才振兴了，才能形成名词的"组织"，而后"组织"作为动词，去实现组织的振兴。但是显然，动词的"组织"不仅组织人，还组织空间等。而这，就是"聚"的意义！

昆明理工大学建筑与城市规划学院
院长、博导，教授
2024 年 6 月

一切历史都是当代史

　　三月的小河，春寒料峭。第十届全国五校乡村联合毕业设计在孝昌隆重启动。五校三十余位师生通过历时六日深入的田野调查和访谈交流，广泛收集了毕业设计所需的基础资料，奠定了毕业设计的坚实基础。

　　四月的武汉，艳阳高照。五校师生汇聚华中科技大学，汇报交流中期方案。从历史溯源到现状分析，从特色凝练到问题识别，从发展定位到发展目标，从规划策略到规划方案，同学们展示了对小河历史、现在和未来的思考，虽尚存缺陷，却不失创新观点。

　　五月的云南，浅夏悠悠。春去夏归，春城昆明迎来五校乡村联合毕业设计的终期答辩。同学们的思考在多彩的图纸上凝结和呈现。虽仍有不足，但同学们对专业的热情和对小河的畅想却跃然纸上。

　　短短三个月并不能尽识小河，但同学们对乡村的热情却昭然可见；短短九十天，虽未能尽展其才，但同学们对专业的执着却历历在目。

　　历时三个月，再回首与同学们同行的小河毕业设计之旅，不舍之余，更多的是对小河的痴恋，以及对小河历史、现在和未来的专业思考。悠悠数百年的小河古街，曾承载着无尽繁华和风光，然时过境迁，唯留下门前冷落，一片凋零。今日，随着古街的没落，其沉淀的历史人文，渐趋淡化。在一定时间内，若再无人问津，古街的古风古韵或终将随尘而掩、随风而逝。古街居民不忍直视此番流变，但能做的不过是黯然神伤——于历史潮流之下，其无能为力，唯有顺之应之。作为规划专业人士，我等见之也不免心生感伤，然规划作为时间和空间的学科，面对时空的流变和世事的变迁，应不止于感伤，应以未来观看待历史、解读历史。正如贝奈戴托•克罗齐所言：一切历史都是当代史。历史不是过去的历史，而是现在和未来的历史。将现代和未来的元素嵌入历史、融入古街，为古街现在和未来的生活赋能，方可还古街真实的生活和蓬勃的活力。然如何嵌入？如何融入？将现代和未来的元素嵌入历史、融入古街，仅从规划层面做出努力或远远不够，既需要社会各界达成共识，也需要乡村振兴战略的持续推进，更需要热爱乡村历史人文人士的广泛支持。

从这一点来看，本届乡村联合毕业设计，不在结果，而在过程，不在形式，而在意义。以文化振兴为切入点，以小河古街为规划对象，让各界人士关注小河古街、关注乡村人文、关注乡村振兴，其过程和意义已尽皆体现。汇溪成河，多一分对古街古村的热情，便多一点乡村历史人文传承的希望。

华中科技大学建筑与城市规划学院
支部书记、副教授
2024 年 6 月

回首十载，共绘新篇

今年的五校乡村联合毕业设计对联盟而言意义非凡。满满的十年，我们从三校联合发展至五校联合，共同推进乡村规划事业。此次活动重回起点——武汉，庆祝十周年这一重要的里程碑。在此，我们由衷感谢华中科技大学的精心筹备，通过乡村规划教育学术论坛向规划教育界展现了我们的风采。

党的二十大报告中提出"全面推进乡村振兴"，习近平总书记高度重视乡村文化建设。文化振兴既是乡村振兴的重要组成部分，也是实现乡村全面振兴的活力之源。湖北省孝昌县的小河村、项庙村、陆光村这三个基地，无疑是富含丰富教育资源的文化宝地。它们分别蕴藏着传统商贸文化、红色文化、水库文化等多种优秀传统文化，对学生而言，这次五校乡村联合毕业设计是难得的实地学习与文化体验机会。然而，令人遗憾的是，由于调研时间有限、资料不足，且学生对专业缺乏认知，对行业发展感到迷茫，对毕业设计重视程度明显不足，他们未能深入探索和有效传承优秀文化，规划思考仍停留在对文化元素的概念性介绍层面，而缺乏对村民主体及其生产、生活层面的深刻洞察和理解。后续教学中，我们必须正视这一不足，积极改进教学方法，加强与学生的沟通交流，激发学生的学习热情，引导他们深刻领悟乡村文化传承的重要性和价值。同时，我们还要努力收集更多关于当地文化的详细资料和实例，不断丰富教学素材，确保教学内容与时俱进。最终，期望这次五校乡村联合毕业设计能培养学生的实践能力与创新精神，使他们更深入地了解、感受乡村，为乡村文化传承与发展贡献力量。

在各阶段成果汇报活动中，华中科技大学学生展现了其严谨的逻辑性，西安建筑科技大学学生展现了其丰富的想象力，昆明理工大学学生更注重规划设计的实用性，而南京大学学生则展现了其出色的叙事能力。各阶段成果汇报活动不仅展示了各校的教学特色，也为师生们提供了一个难得的交流机会，促进了彼此之间的学习。

王翼飞老师加入了我校今年的联合毕业设计指导团队，优化了团队知识结构，强化了城乡规划、建筑学和风景园林三个专业的协作。但各专业在乡村建设领域的知识体系构建及储备不同，未能形成系统性。鉴于此，我们积极整合各高校的资源，结合不同地区的乡村发展实际，努力重新解读乡村建设的内涵，致力于构建各专业在乡村建设方面的知识体系，并强化各专业之间的分工协作，以更好地推动乡村建设的全面发展。

回首过去十载春秋，展望未来璀璨时光，今年联合毕业设计已圆满落幕，翘首企盼，明年红河再聚，共绘新篇！

青岛理工大学建筑与城乡规划学院

教授

2024 年 6 月

德不孤，必有邻

时代大潮过去之后，可能才是一个学科真正走向成熟的阶段。

大潮涌起之时，我们曾相信增长能够解决所有存量的问题。"潮平两岸阔，风正一帆悬。"大潮褪去才发现，很多存量问题一如嶙峋的礁石依然矗立在那里，过去的增长可能在解决存量问题的同时留下更多的问题，新与旧重叠交错。大潮刚刚褪去的阶段可能是一个困难重重的阶段，但它清晰地呈现出发展最为复杂的面相，因此也可能正是创新孕育的阶段，为新的、更大的发展孕育生机。

改革开放以来的中国城乡规划，伴随着中国经济与城镇化的快速发展，持续发展壮大。从城镇体系、总体规划到控制性详细规划、法定图则，从土地利用、交通组织、城市设计到历史保护、生态维育、社区营建、乡村振兴……城乡规划学科在服务国家战略、地方发展、民生福祉的过程中，一路高歌猛进，从来没有遇到过今天这样的阶段。经济与城镇化的双重降速，让这一阶段不仅困难重重而且充满挑战。曾经擅长的领域已经没有太多需求，迫切的需求却因为学科基础的松软与创新能力的不足而无法满足。沉湎、留恋于过去的体系与辉煌已无出路，重构学科坚实的理论基础，培育持续的创新能力，才是中国城乡规划走向真正成熟的必由之路。

学科理论基础的核心就是本体论、认识论和方法论。

城乡规划学科的本体论：必须聚焦于"人－空间"关系系统，"以人为核心"关注空间资源的合理配置、空间秩序的合理建构和空间景观的合理创造。

城乡规划学科的认识论：必须意识到平台性是新时代城乡规划学科更为准确的属性。平台最重要的特征是海量和兼容，包容规模越大、兼容与处理能力越强，则平台越强，价值越大。城乡规划学科的平台性同样在于对多学科知识的兼容、整合，对多尺度信息的兼容、传递，从而形成更为强大的综合处理功能。

城乡规划学科的方法论：必须树立从需求出发，服务实践的，动态、持续迭代的思想。宏大的、永恒的、坚固的叙事已经烟消云散，更为微观、即时、灵活的发展要求城乡规划方法进行积极的转变，以适应更加高频流动、变化的世界。

南京大学针对孝昌县的联合毕业设计一定程度上就是在进行转型的尝试。我们的联合毕业设计教学团队由六位学生和六位老师共同构成，不是一个简单的教与学团队，而是师生共同学习、共同探索乡村规划新的方法与方向的团队。回看最终完成的方案，不足之处比比皆是，然而对于小河村观景台体系的大胆设想与设计，对于项庙村的策划与局部空间重构，都体现出我们对规划平台性的认知与对动态、迭代方法论的应用。针对现实和近期问题，从微观、局部入手，进行可快速实施、迭代、低成本的空间营建方案设计，为存量空间有效对接流量空间、形成虚实空间互动与集聚提供可行路径。

大潮过去的阶段也许更是检验"真爱"的阶段。城乡规划作为国家治理现代化的重要组成部分与工具，它的作用和价值一直存在，而且必将随着国家现代化的发展和文明程度的提升而日益重要。需求就在那里，不可遏抑。坚守这样一份充满希望的事业，守正创新，不仅是对行业的热爱，更是对国家和人民的热爱。

德不孤，必有邻。坚守城乡规划，服务国家战略、地方发展和民生福祉，这条目前看起来有些曲折的道路上，必然会重新汇聚充满理想和信念的人。到那时，城乡规划学科必将重新焕发生机，城乡规划事业也必将重新回到康庄大道上。

南京大学建筑与城市规划学院
教授、博导
南京大学空间规划研究中心执行主任
2024 年 6 月

　　2024 年全国五校乡村联合毕业设计成果出版原本会像往届一样，以孝昌县 3 个村 5 个学校毕业设计小组的成果为主，配上各校教师的"释题"和教学总结就算完成了，但由于今年刚好是五校乡村联合毕业设计十周年，联盟在中国城市规划学会乡村规划与建设分会的指导下，由华中科技大学建筑与城市规划学院承办了"乡村规划教育学术论坛——五校乡村规划联合毕业设计十周年"活动，在全国乡村规划教育界产生了很大影响。由段德罡老师代表联盟所作的总结报告《乡建十年——乡村毕设教学实践回顾与展望》也由中国城市规划学会官网作为重点推文发表，罗老师和段老师又分别以"德不孤，必有邻""漫漫迷雾中的诗和远方"为题抒发了他们对五校乡村联合毕业设计教学的豪情与感慨，也引发了我在本书后记中"感悟"一下的小冲动。

　　我于 1984 年大学毕业后即开始从事规划教育与规划实践，到今年也刚好 40 年，前 30 年较少接触乡村规划，较少涉及乡村规划教育。从 2015 年联盟在武汉开展第一届乡村联合毕业设计开始，我从事乡村毕业设计教学工作产生了很多感触，其中我感触较深的有两点。一是走进乡村、走进田园、走进农家，给长期"封闭"在校园的年轻学子们一次放松自己、放开思考的机会。"见事、见人，见情、见性"，应该是"以人为本"的中国教育之真谛。尽管我对学生们所谓的"乡村规划设计"成果不抱任何幻想，但将近 4 个月的乡村联合毕业设计过程与经历带给同学们的人生体验应该是不一样的。二是这 10 年我在与各学校老师、同学们的交流与学习中收获良多，见到了老一辈教师对乡村规划教育的执着、奉献与热情，见证了年轻一代教师的迅速成长，也感觉到了更年轻的学子们对乡村未来不一样的看法与思考。由联盟老师"共同培养"的我的博士研究生乔杰，现在已经是华中科技大学的老师，并成为中国城市规划学会乡村规划与建设分会的青年委员。这次孝昌县的联合毕业设计、联盟十周年学术活动以及本书的编写组织工作大部分是由他与城市规划系的绍斌书记、合林主任、智勇副主任等老师共同完成的。在此过程中，2024 届城市规划系优秀本科毕业生冯柏欣和杨美琳等同学作为毕业生代表为联盟十年回顾视频和本书顺利出版做了大量技术和组织协调工作，获得了五校师生的肯定和信任。"人在事上磨"，对学生的培养"从做人做事开始……"，这的确是中国教育的优秀传统，做人是"成才"的根基，坚持了这一点就坚守了教育的本意。

我工作了 24 年的华中科技大学建筑与城市规划学院对这次联合毕业设计、联盟十周年学术活动以及本书的编写出版给予了极大的支持。李小红书记、黄亚平院长、彭翀副书记（副院长），以及城市规划系耿虹教授、万艳华教授、鲁仕维副教授等众多老师为本次联合毕业设计、联盟十周年活动做了大量工作，在此表示衷心的感谢！同时更要感谢的是联盟师生 10 年来对乡村联合毕业设计的坚守，以及全国众多乡村对联合毕业设计的热情支持。期待在下一个十年联盟有更多的新人加入，有更多有趣的故事发生，有更多有意义的教育得到坚守。

感谢为本书编写出版做了大量工作的老师和同学们！感谢华中科技大学出版社的编辑老师！

华中科技大学建筑与城市规划学院

教授、博导

2024 年 6 月